宇宙からいかにヒトは生まれたか

偶然と必然の138億年史

更科 功

新潮選書

まえがき

中学生のころ、友人の家に遊びに行ったときのことである。おそらく大学受験が終わった姉のお古なのだろう、彼の部屋には大学受験用の参考書がいくつか転がっていた。その中の一冊が、森一郎氏のベストセラー『試験にでる英単語』(青春出版社)だった。何の気なしにパラパラとページをめくっていると、こんな文章が目に入った。

「『諸君にとって、最も重要な単語とはどういう単語ですか?』と質問してみると、たいていの人から『最もしばしば用いられる単語です』という答えがはねかえってくる。しかし、これは誤った答である」

(あれ? よく使う英単語が、重要な英単語ではないの?)

そう思った中学生の私は、思わず次の文章に目を走らせた。

「最重要単語というのは、使用頻度数の多いものではなくて、たとえ、そんなにしばしば使用されないものであっても、その1語の意味を知らないと、その文全体の意味がわからなくなる単語である。これをキーワードと言う」。そんなことが書いてあった。

たとえば、知性がテーマである文章を読むときに、たいていの単語なら2つや3つ知らなくても文章の意味は大体わかる。しかしintellectという単語だけは知っていないと、他の単語の意味を全部知っていても、文章の意味が全くわからなくなるというのである。確かにもっともな話で、この主張は私の頭に長く残った。

それから何年かが過ぎて、地球や生物の進化の話を、聞いたり本を読んだりする機会が多くなった。そのたびに、心の中に基礎的な疑問が増えていった。話をする人や本の著者は、こんな簡単なことは聴衆や読者も知っているだろうと思って、説明をしないのかも知れない。でも、意外とそういう基本的なことを知る機会は少ないのである。

たとえば「植物が光合成をしたので、大気中の酸素が増えた」という文は間違いではない。でも、疑問に思う人も結構いるのではないだろうか。種子が育って樹木になり、それが枯れて無機物に戻る。これを植物の一生だとすれば、植物が一生の間に放出する酸素と吸収する酸素の量は、じつは同じになるのだ。ではなぜ大気中の酸素は増えるのだろう。こういう基礎的な疑問が、英単語のキーワードに当たるのではないだろうか。

この本は生物だけでなく無生物もふくめて、過去から現在そして未来にまで思いを馳せた本である。そういう話を進めていく上で、こういう基本的な「キーワード」を丁寧に説明するように心がけた。昔の私の疑問に答えるつもりで、なるべくゆっくりと話をした積もりである。おそらくこれが、本書の特徴の1つだろう。

他にもいくつか心がけたことがある。たとえば、人間中心主義の排除に努めたことである。たとえば地球は「奇跡の星」と言われることがある。しかし、もしも「人間が存在できるような条件が地球にそろっている」という理由だけで、地球を奇跡の星といっているのなら、それはナンセンスである。人間もふくめて地球の生物は、地球でうまく生きていけるように進化してきたのだから、「人間が存在できるような条件が地球にそろっている」のは当たり前なのだ。

3つ目としては、地球と生物のバランスを心がけたことだ。たとえば「地球と生物」についての本の中には、「地球」のことは詳しいが、生物についてはあまり詳しくなくて、生物の種名がほとんど出てこないものもある。もちろんそれはそれでよいのだが、この本はどちらかというと教科書のように、地球と生物の歴史を広く眺められるようにした。

4つ目は本のサイズが、コンパクトなことだ。地球と生物の進化についての本は、えてして厚い本になりがちである。それを選書というサイズで気軽に読め、それなりに内容もある本にすることを心掛けた。もちろん、この4つがうまくいったかどうかは、読者諸賢の評価をあおぐしかない。

それでは100億年存在できる地球と、50億年生きられる地球の生命の話を始めよう。まずは、地球が生まれたゆりかごである宇宙の話からである。

目次

宇宙からいかにヒトは生まれたか——偶然と必然の１３８億年史

第1部　宇宙の誕生（138億年前〜）

第1章　たくさんの宇宙

有限だが果てのない世界

山口百恵というアイドルがいた。だいぶ前の話だが、近くの公園で撮影をしているというので、見に行ったことがある。実際に見る彼女は、テレビで見るよりずっとやせていた。しばらくしてから、その時の写真を見る機会があったのだが、自然が豊かな林の中で、山口百恵が笑っていた。でも実は、その公園は街中の公園だ。ちょっとした拍子に木々の間からビルが見えてしまうような所なのだ。うまく撮影するものだなと、そのとき私は思った。

ところで、木と木の間からビルが見えるのは、林が小さいからだろう。もしも林が無限に続いていれば、木しか見えないはずだ。木と木の間をすかして見ても、かならず視線はその先にある木にぶつかってしまう。林の大きさが無限なら、視界は360度すべてが木で埋め尽くされているはずなのだ。

夜空の星の場合も同じではないだろうか。もしも宇宙が無限に広がっているのなら、夜の空は星で埋め尽くされてしまうはずだ。いくら星が遠くても関係ない。たしかに遠くなるほど星1つ1つの明るさは減るだろうが、そのぶん視界の同じ面積の中にたくさんの星が入ってくる。計算してみると、合計の明るさは減らないのである。したがって、夜空はまばゆいばかりに輝いていなければおかしいのだ。しかし、実際の夜空は暗い。いったいなぜだろうか?

ところで、かの有名なニュートンは、宇宙は無限にひろがっていると考えていたようだ。しかしその場合、星は完全に均一に分布していなくてはいけない。なぜなら、星の分布が少しでも偏っていると、近い星同士が重力で引き寄せられて合体をはじめる。そしてついにはすべての星が合体して、1つの巨大なかたまりになってしまうからだ。もちろん実際の宇宙はそうではない。だから無数の星が、絶妙なバランスをとって分布しているにちがいない。それなら星は、さまざまな方角から引かれる力がつり合って、その場に止まっていられるからだ。でも、何だか変な話だ。宇宙は、そんな絶妙なバランスをたもっていられるものだろうか。

ニュートンも、これが不自然な話であることには気づいていた。しかしだからこそ、これが神の存在する証拠だと考えていたらしい。神なら宇宙を、絶妙なバランスのもとに作ることだってできるからだ。しかし、神の存在を仮定しない人には、無限に広がる宇宙は考えにくいだろう。「夜空は明るいはずだ」という話もニュートンの話も、どこかおかしい。それは2つの仮定をおいているからだ。1つは、宇宙は「無限」に広がっているという仮定で、もう1つは、宇宙は変わることなくずっと「静止（膨張や収縮をしていないという意味）」しているという仮定だ。私たちはつい空間的には無限で、かつ時間的には不変の宇宙を思い描いてしまうが、どうやらそうではないらしい。

宇宙が無限か有限かは、実はよくわからない。有限である可能性もあるのだが、その場合には1つ問題が起こる。それは、宇宙の果ての問題だ。宇宙の果てはどうなっているのか。何か境界のようなものでもあるのだろうか。もしも境界があるのなら、その向こうは一体どうなっているのか。これはけっこうやっかいな問題だが、それに1つの解答を与えたのがアインシュタインだった。

2つの点を結ぶ直線はいくつあるだろうか。もちろん答えは、1つである。しかしこれはユークリッド幾何学で、つまり平らな平面で考えた場合の話だ。もしも平面が曲がっていたら、答えは1つとは限らない。地球は丸いので、もちろん地球の表面は曲がっている。曲がってはいるが2次元である。その上の2点、たとえば北極と南極を結ぶ直線（経線）は、無限にあるのだ。リーマン幾何学は、このような曲面もふくんだ幾何学である。アインシュタインはこのリーマン幾何学を使って、宇宙を理解しようとしたのである。

地球の表面積は、明らかに有限だ。だが、地球の表面に端はない。リーマン幾何学を使えば、「有限だが果てのない」世界をあつかうことができるのだ。そして理論上は、有限だが果てのない3次元空間も考えることができる。地球の表面は2次元だが、これを3次元にしたものが宇宙だと、アインシュタインは考えたのである。そうすれば、宇宙の端っこがどうなっているのかと悩む必要はなくなるわけだ。

ブルックリンは膨張していない

１９１２年にアメリカのスライファーが、地球から遠ざかっている銀河をいくつか発見した。当時は、これが何を意味するのか、よく分からなかった。しかしその後、さまざまな方角の銀河がことごとく地球から遠ざかっていることが明らかになる。そして遠い銀河ほど速いスピードで地球から遠ざかっていることも観測された。これが意味することは明らかだ。宇宙は膨張しているのだ。１９２７年にこの考えを提唱したのが、ベルギーの天文学者ルメートルで、１９２９年に同じ考えを提唱したのがアメリカの天文学者のハッブルだった。

１９７７年に制作されたウディ・アレン監督のアメリカ映画「アニー・ホール」で、主人公のアルビー少年は、このハッブルの説を本で読んでしまったらしい。絶望して何もやる気がしなくなったアルビーは言う。

「宇宙は膨張しているんだ。すべてが膨張してるんだよ。そのうち何もかもバラバラになってお終いさ。宿題なんかやったって、意味がないよ」

それを聞いた母親が、ヒステリックに叫ぶ。

「宇宙がなんだっていうのよ！　お前はブルックリンに住んでいるのよ！　ブルックリンは膨張なんかしてないわ！」

お母さんは何もわかってないな――アルビーはそんな顔をしたが、何も言わなかった。

だが、この「アニー・ホール」の母親は、本当に何もわかっていないのだろうか。いや、そんなことはない。母親の言ったことは、間違ってはいないのだ。

宇宙はたしかに膨張している。でも、だからといって、何もかもが膨張しているわけではないのだ。何もかもすべてが膨張しているということは、何も膨張していないことと同じである。あなた自身がどのぐらい膨張したのかを測るために、物差しをもってきたとしよう。でも、その物差しも膨張しているのだから、あなたはこう結論することになるだろう。

「なんだ、1ミリメートルも膨張していないな」

でも、宇宙は膨張している。それを私たちは観測できる。ということは、宇宙には膨張しているものと、膨張していないものがあるということだ。膨張していないものと比べるからこそ、膨張していることがわかるのである。膨張していないものは、たとえば、私たちである。そして、地球である。

では何が膨張しているのかというと、銀河と銀河の間の空間が膨張しているのだ。宇宙は、しばしばゴム風船にたとえられる。ゴム風船の表面は2次元だが、これが3次元の宇宙空間にあたる。銀河は、ゴム風船の表面にたくさんついているホコリである。ゴム風船をふくらませると、ゴム風船の表面積は大きくなっていく。ホコリとホコリの間隔が開いていく。つまり宇宙は膨張していくのだ。膨張していく風船の表面には、とくに中心というものは存在しない。どのホコリからみても、まわりのホコリはみんな遠ざかっていくように見えるのである。

ただし宇宙が膨張していくのとは関係なく、銀河はいろいろな方向に動いている。たとえば、私たちの天の川銀河から230万光年の距離にあるおとなりのアンドロメダ銀河は、天の川銀河に向かって近づいている。遠い将来、天の川銀河とアンドロメダ銀河は衝突する運命にあるのだ。風船が膨らめば、遠いホコリは速いスピードで離れていくが、近いホコリはゆっくりと離れていく。したがって銀河どうしが近い場合は、お互いに近づくスピードが宇宙が膨張するスピードを上回り、衝突することもあるのだ。

宇宙は調節されている

人工衛星をロケットで打ち上げることを考えてみよう。もしも地面からの発射速度が遅ければ、人工衛星を積んだロケットは失速して、地面に墜落してしまう。しかし逆に発射速度が速過ぎれば、地球の引力をふり切って、宇宙のかなたへと飛んで行ってしまうだろう。うまい具合に地球のまわりを周回しはじめるためには、ちょうどいい速度でロケットを打ち上げなくてはならない。

宇宙の膨張も、じつは同じようなものである。宇宙の膨張速度はだんだん速くなっている、つまり加速していることが最近明らかになったが、その速度はうまく調節されているように見える。もしも速過ぎれば、宇宙はすぐに広がり過ぎて、星や銀河はもちろん原子さえできなかっただろう。しかし、私たちの宇宙には星や銀河が存在するだけでなく、宇宙自体も138億年という長期間存在し続けている。よほどうまく膨張速度が調節されているのだ。そうでなければ、私たちのような知的生命体はもちろん、そもそも生命が生まれることもできなかったはずだ。

また、もし「ストリング理論」という物理学の理論（素粒子を点でなく、ひも状に広がった物体と考える理論）が成立するならば、宇宙空間は3次元でなく9次元あるいは10次元（時間を次元に入れれば10次元あるいは11次元）ということになるらしい。私たちはどうがんばっても、前後、左右、上下の3方向にしか動くことができない。だから、私たちが住んでいる空間が3次元であることは自明のことであって、それ以外の次元があるなんてバカげたことに思える。でもストリング理論は、決してバカげた考えではないようだ。

仮に、長いホースがまっすぐに伸びているとしよう。直径は数センチメートルしかないが、長さは何万キロメートルもあるとする。これを遠くから眺めた場合、ホースは1本の線にしか見えない。つまり1次元だ。もちろん実際にはホースは3次元の物体なので、長さだけでなく太さもある。しかし太さがあることに気づくには、かなりホースの近くまで行かなくてはならない。

さてここで、何らかの理由で私たちはホースに近づくことができないとしよう。その場合、私たちはホースのことを1次元の物体だと認識してしまうのではないだろうか。私たちの視力では、ホースに太さがあることを認識できないからだ。現実の私たちは、3つの次元には気づいている。しかし、もしも他の次元が測定不可能なほど小さく縮んでいれば、私たちはそれらの次元があることには気づかないだろう。

ということで、次元は4つ以上あるかも知れない。でも、ないかも知れない。どっちか分からないのなら考えるだけ時間の無駄のように思えるが、実は次元がたくさんあると、とてもいいことがあるのだ。重力と電磁気力のような別々の力を、統一的に説明することができそうなのである。これは物理学者の、いや科学者の夢なのだ。

そこでとりあえず、ストリング理論は正しいとしよう。すると私たちの宇宙は3つの次元だけが大きく広がって、残りの6つか7つの次元は縮んでいることになる。ところで、次元の縮み方は何通りもあるので、宇宙の存在の仕方にはものすごく多くのパターンが存在する。その中で、私たち生命が存在できるような宇宙はほんの一部なのだ。

これらはほんの一例で、他にも宇宙には多くの条件があり、それらがすべて生命を生むためにうまく調節されている。第2章で述べるインフレーションがあったとすれば、宇宙の膨張速度に関する条件は多少ゆるくなるようだが、大勢には影響しない。このように無限とも思える莫大な条件の中で、奇跡的なバランスをとって存在しているのが、私たちの宇宙なのである。昔、地球は「奇跡の星」であると、よくいわれたものだった。でも宇宙に比べたら、地球などはたいして奇跡的な存在ではないだろう。宇宙にはたくさんある「ありふれた星」なのかも知れない。本当に奇跡的なのは、地球ではなく宇宙の方だ。私たちは「奇跡の宇宙」に住んでいるのである。

宇宙はたくさんある

科学者でもあり英国国教会の司祭にもなったジョン・ポーキングホーンは、こう述べている。「宇宙は生命を生み出すために、微妙に調節された特別なものである。なぜならそれは、創造主が作ったものだからだ」

たしかにこれは、宇宙が奇跡的にうまくできていることに対する1つの説明だろう。でも、別の説明はないだろうか。

私の曽祖父は宝くじを買うのが好きで、「当たったら、みんなに上げるからね」と孫たちによく言っていたらしい。しかし残念なことに、当たる前に亡くなってしまった。とはいえ人数は少ないけれども、宝くじに当たって数億円を手にする人は実際にいる。もしも宝くじに当たったら、あなたならどんなふうに感じるだろうか。

「今まで私は、正直に真面目に生きてきた。やっぱり神様は、そんな私をちゃんと見ていてくださったのだ。だから、私にごほうびをくださったのだろう」

　こう考えた場合は、あなたが宝くじに当たったのは「必然」だったことになる。真面目に生きてきたのだから、このぐらい良いことがあっても当然だというわけだ。でも、別の感想をもつ人もいるかも知れない。

「本当にラッキーだわ。真面目に働くこともなく、ずっと適当に生きてきた私に、宝くじが当たるなんて。私って運がいいのね、きゃはは……」

　彼女の場合は、宝くじに当たったことは「偶然」だと考えたわけだ。当たらなかった人もたくさんいるのに、たまたま自分が当たっただけなのだ。

　この奇跡的な宇宙についても、必然と偶然の両方の説明が可能である。しかし科学の立場としては、偶然の方を採用するのが普通だろう。もしも必然の方を採用すると、創造主のような、科学では扱えない存在を仮定しなければならないからだ。私たちの宇宙が奇跡的にうまくできているのはなぜかというと……それは、たまたまなのだ。そして、この説明を採用するのであれば、「宇宙はたくさんある」と考える方が自然である。たくさん宇宙があれば、そのなかに1つぐらい奇跡的にうまくできた宇宙があってもよいだろう。でも本当に、宇宙は私たちのいる宇宙だけではないのだろうか？　宇宙はたくさんあるのだろうか？

無人島に落ちていた携帯電話のようなもの

あなたは今、この本を読んでいる。でも、そろそろ眠くなるころかも知れない。瞼が閉じられ、手から本がすべり落ちる。やがてこの本は、万有引力によって床に衝突する。

　万有引力の公式のなかには、万有引力定数が含まれている。これが大きければ万有引力は強くなるし、小さければ万有引力は弱くなる。したがって万有引力定数は万有引力の強さを決めている数である。「メートル」や「キログラム」、そして「秒」を単位にして表せば、この宇宙の万有引力定数は6・67を10の11乗で割った値になる。ところで、この万有引力定数は測定値である。他の式から導きだされたものではなくて、実際に測ったのだ。測るしかないのだ。別の言い方をすれば、私たちには、万有引力定数がなぜこの値なのかは、わからないのである。

　こんなケースを考えてみよう。無人島の近くの浅瀬に飛行機が墜落した。幸い何人かの乗客は助かって、彼らはその島で生活をはじめた。気候がよく、水にも食べものにも困らなかったので、そのまま乗客たちは無人島の住人になってしまった。やがて子供ができ、そのまた子供もできて、だんだんと昔の記憶はうすれていく。そしてついには、過去に飛行機が墜落したことを知る人もいなくなった。新しくこの島で生まれた住人たちにとっては、ここが世界のすべてであった。

　そんなある日のこと、ひとりの少年が山の中で携帯電話を見つける。それは、墜落した飛行機に乗っていた人、つまり少年の何代も前の先祖がもっていたものだった。もちろん少年には、それが何だかわからない。いくつも並んだ小さなボタンを、不思議そうにながめるだけだった。それからというもの少年は、その不思議な物体が、とくにそのボタンが、気になってしかたがない。その謎を解こうとして、島中を探検してみた。でも、いくら島の中を探しても、ボタンの意味を説明できるような手がかりは得られなかった。

そのうちに少年は、こう考えるようになった。ボタンが存在する意味は、この島の中では説明することができないのではないだろうか。ひょっとしたら、この島の外にも、世界があるのかも知れない。その外の世界に行けば、ボタンが存在する意味がわかるのではないだろうか。島内の情報だけでは説明できないものがあるということは、島内ですべてが完結してはいないということだ。

この「無人島」が「私たちのいる宇宙」で、「携帯電話」が「万有引力定数」なのかも知れない。もしもそうなら、「無人島の外の世界」は「私たちがいる宇宙とは別の宇宙」にあたる。万有引力定数は、私たちの宇宙の中では導き出すことができない。測定するしかないのだ。私たちの宇宙だけで、すべてが完結しているわけではないのである。

1つの島が1つの宇宙（ユニバース）だとすれば、無数にある島々全体がマルチバース（多元宇宙、並行宇宙）だ。ストリング理論によれば、それぞれの宇宙では万有引力定数が違っているだけでなく、空間の次元も違っている可能性がある。おそらく私たちの宇宙における物理法則は、他の宇宙では成り立たないだろう。

もちろん本当のことはわからない。たとえ私たちが住んでいる宇宙の他に、たくさんの宇宙があったとしても、他の宇宙を直接観測することは不可能なのだから。

宇宙は3種類ある

しかし、もしも宇宙がたくさんあるなら、私たちが奇跡的な宇宙に住んでいることを説明するのは簡単だ。私たちは「よく調節された」宇宙に住んでいる。「よく調節された」というのは「人間に都合よく調節された」と言い換えてもよい。でも考えてみれば、「人間に都合よく調節された」宇宙にしか、人間は生まれることができないのだ。

逆にいえば、「人間に都合よく調節されていない」宇宙もたくさんあるはずである。それは宝くじを買った人のほとんどがはずれているようなものだ。しかし、そういう宇宙では、人間は生まれることができない。

したがって、条件を組み合わせると、4通りの宇宙が考えられる。しかし「調節されていない」が「人間がいる」宇宙はありえないので、実際に存在しうるのは3通りだ。

まず、「調節されていない」し「人間もいない」宇宙。実際には、こういう宇宙が圧倒的に多いと考えられる。2番目は「調節されている」が「人間はいない」宇宙で、3番目は「調節されている」し「人間がいる」宇宙だ。2番目と3番目は、どちらが多いかわからない。しかし両方とも数は少ないながらも存在しているだろう。

つまり「人間がいない」宇宙には、「調節されている」宇宙と「調節されていない」宇宙の2通りがある。しかし「人間がいる」宇宙には、「調節されている」宇宙しかないのである。たしかに「調節された」宇宙は少ないだろう。しかし「人間がいる」という条件をつければ、宇宙は必ず「調節されている」ことになる。だから、私たちの宇宙が「人間に都合よく調節されて」いてもなんの不思議もないわけだ。こういう考え方を「人間原理」という。

かつて私は、生物学は不幸な学問だと思っていた。物理学や化学は、普遍的で広く適用できる法則をあつかうことができる。いっぽう生物学は、地球の生物というたった1つの例しか調べることができない。他の惑星の生物でも発見されれば、すこしは学問の幅が広がるかも知れない。だが、現在のように地球の生物だけを扱っているのでは、しょせんは個別的な学問にすぎないだろう。そう思っていたのだ。

しかし、もしも宇宙がたくさんあるのなら、それぞれの宇宙で万有引力定数などが異なっている可能性がある。それぞれの宇宙で、物理法則は違うのかも知れない。そうであれば、物理学も化学も、適用できるのは私たちの宇宙だけということになる。つまり、物理学も化学も、生物学と同じく個別的な学問ということになる。そうなってくると、むしろ生物学は幸せな学問かも知れない。他の宇宙の物理法則を調べられる可能性は、まず間違いなくゼロだ。しかし、他の星の生物が発見される確率は、ゼロではない。可能性が低いとはいえ、希望をもつことはできるのだから。

第2章　ビッグバン

その前後に起きたこと

自動車の安全性のテストを、テレビで見たことがある。車が猛スピードで壁に突っ込む。ドーンと大きな音がして車がつぶれ、壁も揺れる。大きな音がしたり、車が壊れたりするのは、大きなエネルギーが放出されたからだ。放出されたエネルギーがどこから来たのかというと、それは車の運動エネルギーからである。

車が猛スピードで走っているときは、大きな運動エネルギーをもっている。しかし壁に衝突して車が止まると、車の運動エネルギーは突然ゼロになる。でもエネルギーがなくなったわけではない。形を変えただけだ。車の運動エネルギーが、熱エネルギーになったり、車を変形させるエネルギーになったりしたわけだ。実は、私たちの宇宙の初期に起きたビッグバンも、車が壁に衝突したようなものであった。

前章で述べたように、おそらく宇宙はたくさん存在している。その中の1つとして、私たちの宇宙は誕生した。誕生しておよそ10のマイナス36乗秒後に、私たちの宇宙は一気にふくらみ始めた。ふくらむスピードが指数関数的に増加したので、つまり2倍、4倍、8倍、16倍と増加したのでこの時期をインフレーション期と呼んでいる。一瞬のうちに、小さな原子ぐらいだった宇宙が、太陽系よりも大きくなる。そのくらい、すさまじい膨張だった。しかし、宇宙の誕生からおよそ10のマイナス34乗秒後に、膨張が急に減速する。何かに衝突したわけではないのだろうが、スピードが一気に落ちたという意味では、車が壁に衝突したのと同じである。そして、莫大なエネルギーが一気に放出された。しかし宇宙の場合は、外へエネルギーを放出することはできない。莫大なエネルギーのすべてを、宇宙の内部に放出するしかないのだ。そして私たちの宇宙は火の玉のようになって爆発した。それがビッグバンである【図2-1】。

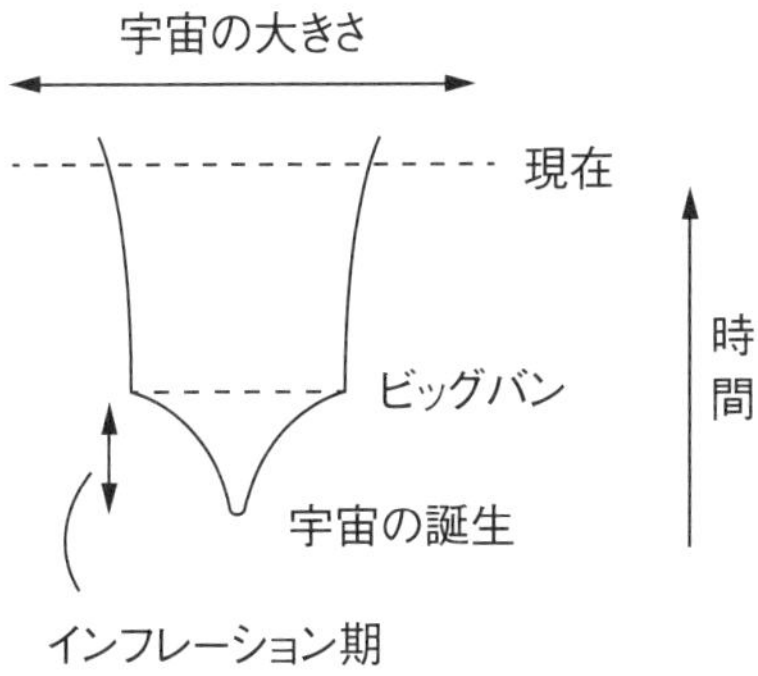

【図2-1】宇宙が誕生し、一気にふくらみ、やがて膨張が減速し、ビッグバンが起こった。

しばらくすると、宇宙の温度が少し下がってきた。すると、水が氷になるような何らかの相転移が起きて、電子などの素粒子が生まれた。それから陽子や中性子もつくられ、原子核を形成した。それでも宇宙の温度が高い間は、小さい電子は猛スピードで飛び回っているので、原子核は電子を捕まえることができない。原子核はプラスの、電子はマイナスの電気をもっているが、その引力では弱過ぎるのだ。原子核と電子がバラバラに飛び回っているプラズマ状態である。もしもこの時期に人間がいて（もちろん実際には無理だけれど）宇宙をながめたとしても、何ひとつ見ることはできないだろう。原子核も飛び回っているが、電子はさらに数が多いし、小さいのでスピードも速い。光の粒子である光子《こうし》はこの電子に衝突してしまって、真っ直ぐに進むことができないのだ。つまり光が宇宙のなかを直進できないのである。目の中に光が飛び込んでこなければ、何も見えないだろう。

宇宙が誕生してからおよそ38万年がたったころ、やっと宇宙の温度が３０００℃ぐらいまで下がってきた。電子は勢いを失って、次々と原子核に捕まり始めた。すると光子も、電子に邪魔されることなく、長い距離を真っ直ぐに進むことができるようになった。光が宇宙空間を直進できるようになったのだ。もしそこに人間がいたら、星空が見えるようになったことに感動しただろう。これを「宇宙の晴れあがり」という。また、電子が原子核に捕まったということは、ついに原子ができたということでもある。このころにできた原子には、元素周期表で2番目に小さいヘリウムや、3番目に小さいリチウム、そして4番目に小さいベリリウムも、すこしは含まれていたらしい。とはいえ、宇宙で最初にできた原子のほとんどは、一番小さい原子である水素であった。

星は核分裂ではなく核融合で輝く

木が燃えると灰になる。燃えると、熱くなったり明るくなったりするので、エネルギーを外に出すことになる。つまり、木はエネルギーを放出して、灰になるわけだ。ここで、木と灰を並べて長い間放置しておくとどうなるだろうか。

何かきっかけがあれば、たとえば雷が落ちて火がついたりすれば、木は燃えて（つまりエネルギーを放出して）灰に変わるだろう。しかし、灰がどこかからエネルギーを吸収して、木に変化することはまず考えられない。つまり、木は灰になるが、灰は木にならず、ずっと灰のままなのだ。これを「灰は木よりも安定」だという。

一般的に物質は、エネルギーを放出する前は不安定で、エネルギーを放出した後は安定だ。物質には、エネルギーを吸収しにくく放出しやすい傾向があるのである。お金は稼ぐより使う方が簡単だが、そんなものかも知れない。

水素が4つ集まると、ヘリウムになることが知られている。ここで質量について考えてみよう。実はヘリウムの質量は、水素の質量の4倍よりも少しだけ軽い。4つの水素が1つのヘリウムになる時、減った分の質量はどこへいってしまうのだろうか。

アインシュタインの相対性理論の結論の1つは、質量とエネルギーは変換が可能だということだ。有名な$E=mc^2$という式である。Eがエネルギーでmが質量だ。cは光速の値だが、ここでは単なる定数だと考えればよいだろう。

水素が結合してヘリウムになると、少しだけ質量が消えてしまう。この消えた質量はエネルギーとなって放出されるのだ。これが核融合反応である。$E=mc^2$の式ではcの値が大きいので、mが小さくてもEは大きな値になる。つまり質量が少し消えただけで、莫大なエネルギーが放出されることになる。この核融合による莫大なエネルギーを使って、太陽などの恒星は輝いているのである。

恒星は、水素を使って核融合反応を起こし、輝きながらヘリウムを作っていく。そして恒星の内部に、だんだんとヘリウムがたまっていく。すると今度はヘリウムを使っていろいろな核融合反応が進みはじめる。ヘリウムが3つ融合すれば炭素になるし、その炭素がまたヘリウムと融合すれば酸素ができる。そのたびに少しずつ質量が消えていく。その消えた分がエネルギーとなるので、恒星は水素を使い切ったあとも輝き続けることができるのだ。そして恒星は輝きながら、さまざまな元素を作っていく。とはいえこの方法では、すべての元素を作り出すことはできない。多少の例外はあるが、基本的には核融合で作ることができるのは、原子番号（陽子の数）の小さい方から数えて26番目の鉄までだ。

鉄はすべての元素のなかで、もっとも安定である。陽子や中性子のことをまとめて核子《かくし》というが、核子1つあたりの質量は、鉄が最も小さいからだ。鉄より小さくても大きくても、周期表で鉄から離れていくにつれて、核子あたりの質量は大きくなっていく。物質はエネルギーを放出しやすい傾向があるので、小さな原子同士は核融合をすることによって、エネルギーを放出しながら、鉄まで大きくなることができる。逆に、大きな原子は核分裂をすることによって、エネルギーを放出しながら、鉄まで小さくなっていくことができるのである。

天然に存在する元素のなかで最も大きいものは、プルトニウムやネプツニウムである。でもこれらの元素は微量しか存在しない。しかし、天然に存在する元素のなかで3番目に大きいウランは、大量に存在する。ウランは鉄よりもずっと大きいので、エネルギーを放出するためには、核融合ではなくて核分裂をする。このエネルギーを利用したものが原子爆弾や原子力発電ということになる。

細かいことをいえば、今の「核子あたりの質量が小さい元素の方が安定である」という話には、たまに逆転現象がおきる。たとえば、核子あたりの質量がもっとも小さいのは、鉄の同位体（陽子数は同じだが中性子数が異なる原子核あるいは原子のこと）の中で、陽子が26個で中性子が30個の「鉄56」である。だが「鉄56」は最も安定な原子ではない。じつは陽子が28個で中性子が34個の「ニッケル62」が最も安定で、陽子が26個で中性子が32個の「鉄58」が2番目に安定な原子なのだ。これは、中性子の方が陽子よりも質量がすこし大きいためだ。陽子に比べて中性子の割合が多いと、核子あたりの質量が、安定な割には大きくなってしまうのである。そのせいで、このような逆転現象がたまに起こるけれど、基本的には「核子あたりの質量が小さい元素の方が安定である」という理解でよいだろう。

私たちの体はどんな元素でできているか

人間の体を作っている元素を原子数で比べると、水素、酸素、炭素、窒素の順で、これだけで99%を超える。みんな鉄よりも小さい原子である。5番目以降もだいたいは小さい原子だが、13番目になると亜鉛、15番目には銅という、鉄よりも大きな原子が顔をだす。微量だがストロンチウムやヨウ素といった、鉄よりもはるかに大きい原子も人体には含まれている。

ビッグバンから冷却していく過程で、私たちの宇宙には水素やヘリウムなどが作られた。それらが集まって恒星が誕生し、輝き始める。最初は重力をエネルギー源にしているので、あまり明るくない。しかし核融合が開始されると、非常に明るく輝き始める。恒星の内部で、小さな原子が核融合することによって、大きな原子が作られていく。そして鉄までの原子が作られた。でも、これだけでは足りない。これだけでは私たちの体を作ることができない。私たちの体のなかには、鉄よりも大きい原子が存在するのだから。それではどうやって、鉄よりも大きい原子は作られたのだろうか。

鉄よりも大きい原子は、核子1つあたりの質量が鉄よりも大きい。だから小さい原子を核融合させただけでは、質量が少し足りない（実際には、原子核どうしが融合するよりも、原子核と中性子が融合する方が普通であるが、理屈は同じである）。どこかから質量、あるいはその質量に相当するエネルギーを持ってこなくては、鉄よりも大きい原子は作れないのだ。

「なんだ、簡単じゃないか。鉄より小さい原子に、エネルギーを与えれば、鉄より大きい原子ができるんだろう？」

まあ、そういってしまえば、そのとおりだ。しかし核分裂とは逆のことをするわけだから、ちょっとやそっとのエネルギーではダメだ。莫大なエネルギーが必要だ。だがうまいぐあいに、この宇宙では、想像を超えるほどのエネルギーを放出する出来事がときどきおきる。超新星爆発だ。大きな恒星が、一生の最後に起こすすさまじい爆発。この超新星爆発が放出したエネルギーによって、鉄よりも大きな原子のほぼすべてが作られたのである。

超新星爆発によって、さまざまな原子が宇宙空間にばらまかれた。もちろん鉄よりも大きい原子もばらまかれた。その結果、原子はだいたい均一に宇宙に分布することになるが、少しは原子の密度が高いところや低いところがある。原子の密度が少し高いところでは、お互いの原子の間の距離が近いので、万有引力がほんの少しだけ強くはたらく。すると原子が少し集まる。すると万有引力がさらに強くはたらく。そうやって原子の密度が高いところには、どんどん原子が集まってくる。そしてついには、また星が生まれるのだ。第2世代目の恒星である。

ビッグバンが終わって最初に生まれた第1世代の恒星は、水素、ヘリウム、リチウム、ベリリウムだけでできていた。そして輝いていくうちに恒星の内部で、鉄よりも小さい原子が作られていった。しかし第2世代の恒星は、最初にできたときから様々な原子を含んでいる。鉄よりも小さい原子が多いが、鉄よりも大きい原子も少しは含んでいる。第3世代、第4世代と進む間には、超新星爆発も起こるので、鉄よりも大きい原子の割合も増えていくことだろう。

私たちの太陽が何世代目の星なのかはよくわからない。ただ、太陽系における鉄の存在量は、複数のタイプの超新星爆発を想定しないと説明できない。したがって、太陽系はいくつもの超新星爆発の残骸から誕生したと考えられる。

質量が太陽の10倍程度の恒星は、生まれてから数千万年で寿命が尽きて、超新星爆発を起こす。質量がもっと大きければ、恒星の寿命はもっと短くなる。太陽系が誕生したのはビッグバンからおよそ92億年後であるから、その前に恒星の世代交代は何度も起きたであろう。したがって太陽系は、さまざまな元素をふくんだ星間物質でつくられたのだ。最初から鉄よりも大きい原子を含んでいたのだ。したがって、生物をつくるための元素は、もともと太陽系には揃っていたのである。

第3章　太陽系の誕生

不思議な法則

太陽系ができたのは約46億年前といわれている。そんな昔のことを知るためには、どうしたらよいだろうか。タイムマシンがあるわけではないので、昔に戻って直接観察することはできない。過去のことを調べるためには、その証拠はすべて現在から探してこなければならないのである。ということで、とりあえず現在の太陽系の姿を見てみることにしよう。

太陽系の真ん中には太陽がある。核融合反応によって自ら輝いている恒星だ。直径が地球の109倍もある大きな星だが、宇宙全体から見れば、ありふれた大きさの恒星と考えられている。

この太陽の周りを8つの惑星が公転している【図3-1】。内側から4つが、水星、金星、地球、火星である。体積の半分以上が岩石でできており、地球型惑星と呼ばれる。その外側には木星、土星、天王星、海王星がある。これらの木星型惑星は、おもに岩石や氷でできた中心部が、そのまわりに大量の気体を集めることで形成された。地球型惑星よりも、ずっと大きい惑星だ（天王星と海王星は中心部が主に氷なので、木星型惑星とは区別して、天王星型惑星と呼ばれることもある）。

私は高校で、この太陽系には不思議な法則があると教えられた。それは1766年にドイツの

【図3-1】46億年前にできたといわれる太陽系。太陽の周りを8つの惑星が公転している。図：「太陽系図鑑」科学技術振興機構

ティティウスが発見した「ティティウス・ボーデの法則」だ。地球と太陽の距離を1とすると、それぞれの惑星の距離は $(4+3\times2^{n})/10$ で表されるという法則である。nには整数が入る。これがなぜ不思議かというと、どうしてこの法則が成り立つのかまったくわからないからである【表3-1】。

nにマイナス無限大を入れると0・4になる。これが水星で、実際の値は0・39である。nに0を入れると0・7になり、これが金星だ。実際の値は0・72なので、よく合っていると言えるだろう。nに1を入れると1になる。これが地球だ。nが2のときは1・6になるが、これが火星だ。実際の値は1・52である。こんな感じで水星から土星までの6個の惑星の位置がうまく表されるのだ。この法則が発見されたときには、まだ天王星や海王星は発見されていなかった。しかしその後、n=6の場所に天王星が発見されたことによって、ティティウス・ボーデの法則はますます有名になった。nが6のとき、ティティウス・ボーデの法則では19・6になるが、天王星は19・2の位置にあったのだ。

ところでティティウス・ボーデの法則によると、火星は

惑星	n	平均軌道半径（天文単位）	$(4+3\times2^n)/10$（天文単位）
水星	-∞	0.39	0.4
金星	0	0.72	0.7
地球	1	1.00	1.0
火星	2	1.52	1.6
——	3	???	2.8
木星	4	5.2	5.2
土星	5	9.6	10.0
天王星	6	19.2	19.6
海王星	7	30.1	38.8

【表3-1】太陽系にあるといわれた不思議な法則「ティティウス・ボーデの法則」。結局何の意味もなかった。

n=2で、その外側の木星はn=4である。n=3は欠番なのだ。じつは昔から、火星の軌道と木星の軌道の間が、妙に離れていることは知られていた。それがティティウス・ボーデの法則のせいで、ますます不思議なことに思えてきたのだ。

　そんな折、ついにイタリアのピアッツィがn=3の位置に新惑星ケレスを発見した。1801年のことであった。だが新惑星発見の興奮も冷めやらぬうちに、パラス、ジュノー、ベスタと、n=3の位置に続々と惑星が発見され始めた。しかしこれらの惑星はみんな小さかったので、n=3の位置は「小惑星帯」と呼ばれるようになった。

　現在の推定では、小さいものも含めれば100万個以上の天体が、小惑星帯に存在していると考えられている。だが、ティティウス・ボーデの法則もあることだし、ここにはちゃんとした惑星があって欲しい。そう思うのが人情というものかも知れない。そこで、n=3の位置にはかつて惑星があったのだが、それが何らかの原因で壊れたのだという考えが現れた。惑星が破壊されるというアイデアは衝撃的で、ＳＦのテーマにもよく取り上げられた。だが、実際には惑星が破壊されたわけではないようだ。太陽系の形成期に、微惑星が成長して惑星になる途中で止まってしまったらしい。原因は、木星の強い重力の影響と考えられている。

このように、ティティウス・ボーデの法則は、人類にいろいろな夢を見させてくれた。そんなティティウス・ボーデの法則の、真の意味は何だったのだろうか。じつは、何の意味もなかったのだ。

仮に惑星が３つあって、太陽からのそれぞれの距離が１、８、27だったとしよう。この場合はすぐに法則の式が作れる。n^3だ。ｎに１、２、３を入れれば１、８、27になるからだ。でも別の式も作ることができる。たとえば$6n^2-11n+6$だ。この式のｎに１、２、３を入れてもちゃんと１、８、27になる。つまり太陽からの惑星の距離がいくらであろうと、法則を作ることはかならずできるのだ。式が複雑になっても構わなければ、という条件はつくけれど。その法則に意味があるかどうかの判断は、「惑星の数」と「式の複雑さ」のかね合いだろう。もしも簡単な式で１００個の惑星の距離が説明できるのなら、きっとその法則には意味がある。いっぽう複雑な式で４、５個の惑星の距離しか説明できないのなら、おそらくその法則には意味がないだろう。きっとただの偶然なのだ。

そんなふうに考えると、ティティウス・ボーデの法則は、法則としては失格である。水星から天王星まで７つの惑星の距離をうまく説明できているようにも思える。でも、ぴったりと合っているわけではない。それに一番外側の海王星はどうみても法則に合わない。式自体もそれほどシンプルではないし、水星の番号にマイナス無限大を入れるのも不自然だ。おそらくコンピューターを使えば、もっとシンプルで惑星の軌道に合った式も作れるだろう。でも、その式に科学的な意味はないのだ。

原始太陽系星雲はどうやってできたか

銀河の中はほぼ真空だが、その中で星間物質が比較的たくさんあるところを、星間分子雲という。たくさんといっても、水素分子が1立方センチメートルあたり1000個ぐらいあるだけなので、地球上の大気の1億分の1のさらに1億分の1以下である。それでも銀河の平均的な密度は、水素原子が1立方センチメートルあたり1個ぐらいなので、それよりはかなり多い。その星間分子雲が自らの重力によって収縮を始める。すると収縮するにつれて、星間分子雲は回転を始めるのだ。

地球は太陽のまわりを公転している。その運動量（角《かく》運動量）は、「太陽と地球の距離」と「地球が動く速さ」をかけたものに比例する。したがって角運動量が保存されている場合は、「地球と太陽の距離」が半分になれば「地球が動く速さ」は2倍になるわけだ。フィギュアスケートの選手が回転しているときに、伸ばしていた手を体につけると回転が速くなるのはこのためだ。

しかし、星間分子雲が収縮すると、回転を始めるのはなぜだろうか。スケートの選手の場合はわかる。なぜなら、スケートの選手は、手を縮めるまえから回転していたのだから。手を縮めれば、回転の速度が上がるだけなのだ。でも、星間分子雲は回転していなかった。回転していなかったものが収縮しても、回転はしないのではないだろうか。

たしかにその通りだ。回転していないものが収縮しても、回転はしない。しかし、まったく回転していないものなんてあるだろうか。収縮する前にほんの少しだけでも回転していれば、収縮した後ではずっと速い速度で回転するはずだ。逆にいえば、収縮してもまったく回転させないのは至難のわざなのだ。

洗面台に水が張ってあるとしよう。洗面台の内側はなめらかで、排水口は中心にある。見たところ水は静かで、回転などしていない。この状態でそっと栓を抜けば、水は回転しないで排水口から流れ出ていくだろうか。でも実際にやってみると、水は必ずぐるぐると渦を巻きながら、排水口に吸い込まれていく。最初に洗面台に張ってあった水は、見た目は動いていなかった。でも、ほんの少しは動いていたのだろう。洗面台の内側も完全にはなめらかではなかっただろう。

星間分子雲の収縮は、洗面台よりもずっとスケールが大きく、はるかに収縮率も高い現象である。収縮した後で、星間分子雲を回転させないことは、洗面台で水に渦巻を起こさせないことよりも、ずっと難しいことなのだ。まあ、不可能といってもよいだろう。ちなみに、排水口に吸い込まれる時の水の渦巻の向きが、北半球と南半球では逆向きになるという話があるが、あれはデタラメである。

現在の太陽系にある8つの惑星も、小惑星帯の天体も、その軌道はほぼ円に近い。そして太陽のまわりを同じ向きに公転している。それらの軌道面は、太陽の赤道面とほぼ同じである。これらの事実は、太陽系が形成されるときに存在した原始太陽系星雲は、太陽の回りを回転していて、その形は円盤状であったことを示しているのだろう。

彗星は今でも生まれている

ところで、太陽系のメンバーで忘れてはならないのが、彗星である。彗星は、主に氷と塵が混じったもので、しばしば「汚れた雪玉」と形容される。人魂のようにぼんやりと光る頭部と、そこから伸びる尾という姿が印象的な天体だ。彗星は極端な楕円軌道のものが多いので、太陽から離れているときには、彗星は凍ったままである。しかし太陽に近づくと、雪玉が溶けて、太陽と反対側に吹き流される。これが彗星の尾である。したがって彗星はだんだんと小さくなっていく。ある見積もりによれば、周期が２００年以下の彗星の平均寿命は50万年ぐらいだという。

太陽系ができてから40億年以上がたった現在でも、彗星が存在しているのは、考えてみれば不思議なことなのだ。彗星はとっくに蒸発して消えてしまっているはずだからだ。それなのに、どうして今でも彗星があるのかというと、それはどんどん新しく彗星が生まれてくるからである。

8つの惑星の中で一番外側にあるのは、海王星だ（P33の【図3-1】）。しかし海王星の外側にも、太陽系は広がっている。海王星の外側にも、小さな天体がたくさんあるのだ。それらの軌道はときどき乱れるので、中には太陽に向かって落下を始める小天体もある。それが彗星だ。

彗星は、周期が２００年以下の短周期彗星と、周期がそれよりも長い長周期彗星に分けられる。有名なハレー彗星の周期は75年と数カ月である。人間の感覚ではずいぶん長いように思えるが、ハレー彗星は短周期彗星だ。短周期彗星の故郷も長周期彗星の故郷も、海王星の外側である。だ

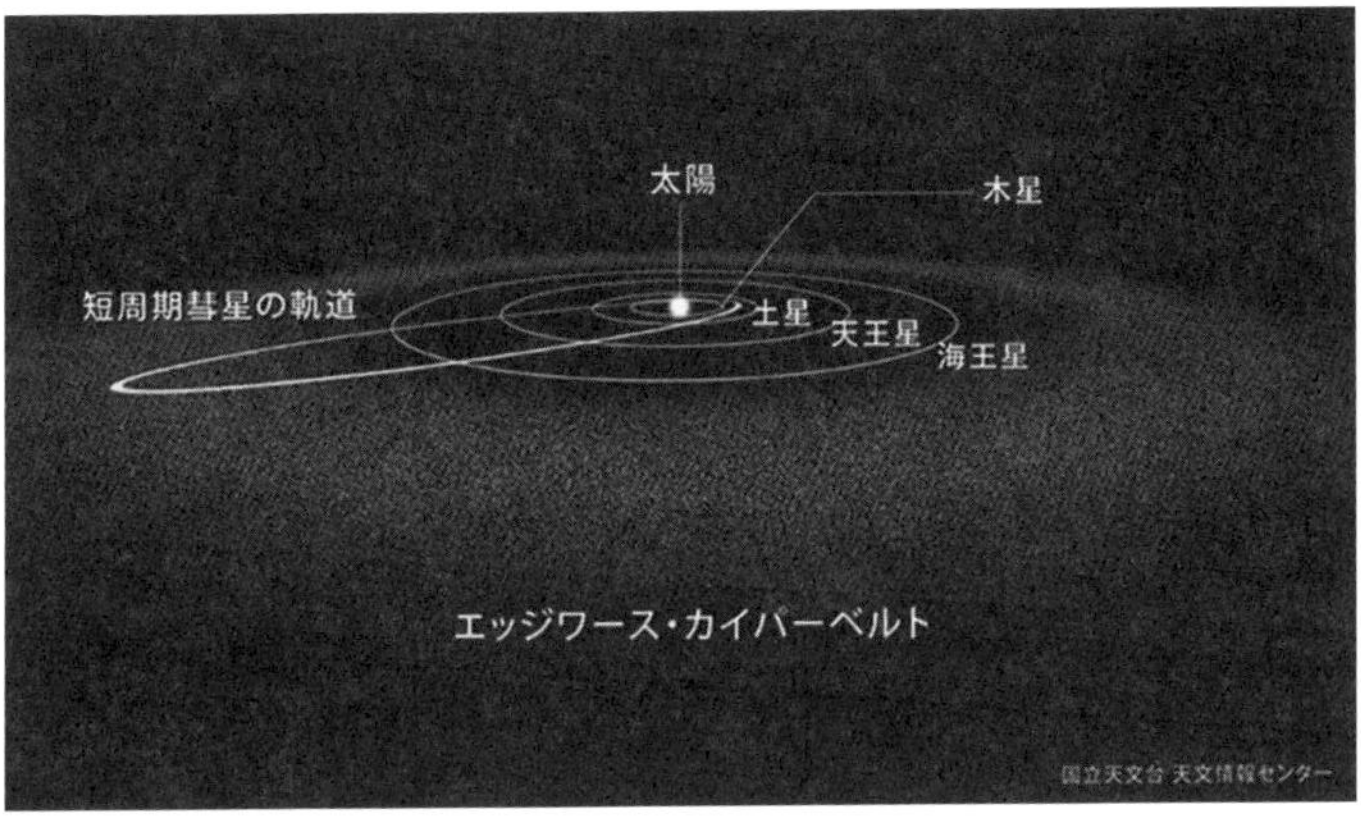

【図3-2】海王星の外側、ドーナツ状に分布する小天体群「エッジワース・カイパーベルト」。短周期彗星はここからやって来る。図：国立天文台

が周期から考えて、短周期彗星の故郷よりも長周期彗星の故郷の方が、さらに外側にあるはずだ。

短周期彗星の軌道面は、だいたい惑星の公転面と同じである。したがって短周期彗星の故郷は海王星の外側にドーナツ状に分布している小天体群だと考えられる。このドーナツ状に分布している小天体群を「エッジワース・カイパーベルト」という【図3-2】。かつては9番目の惑星と言われたが、現在では準惑星に分類されている冥王星も、エッジワース・カイパーベルトの天体の1つである。

一方、長周期彗星の軌道面はバラバラである。惑星の公転面とは関係なく、いろいろな方向からやってくる。したがって、長周期彗星の故郷は球状になって太陽系を取りかこんでいると予想される。この球状に分布している小天体群を「オールト雲」という【図3-3】。オールト雲はエッジワース・カイパーベルトのさらに外側にあるはずだ。

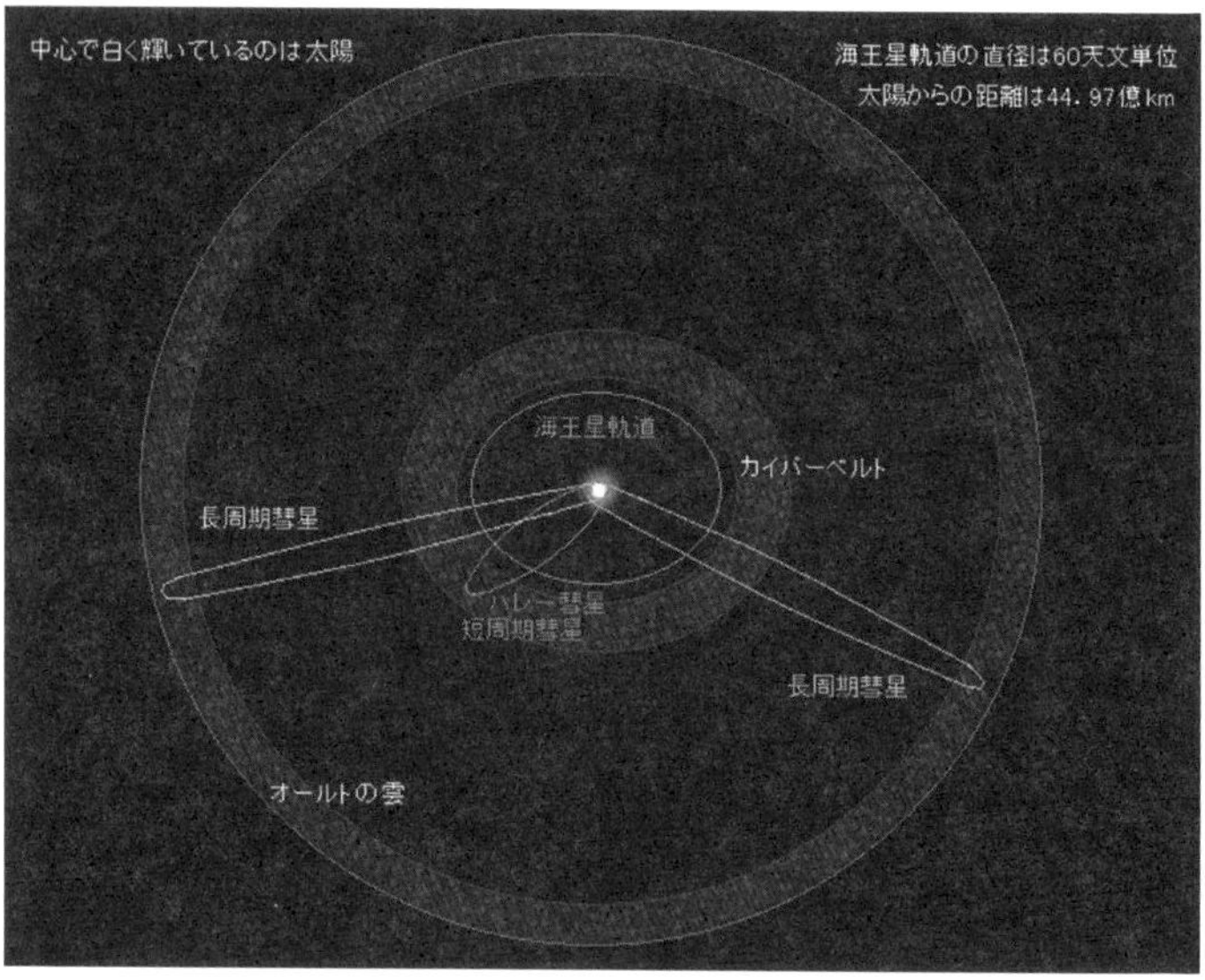

【図3-3】長周期彗星の故郷といわれる、球状に分布している小天体群「オールト雲」。図：「四万十の空から」より

オールト雲の天体は小さい上にとても遠くにあるので、じつは実際に観測された天体はない。しかしそれでも、オールト雲の存在自体は確実だと考えられている。

ちなみに次節で述べる「隕石」とは、地球に落下した天体のことである。太陽系の辺境で生まれた彗星のかけらのこともあるが、火星と木星の間にある小惑星帯からやってきたものがほとんどだ。流星や流れ星というのは、物質というよりは現象につけられた名前で、隕石などの小天体が大気に突入して発光することである。

太陽系の化石をさがす

それでは、昔のことを調べるためには、太陽系のどこを探したらよいのだろう。残念ながら地球ではだめだ。地球は、天体同士が激しい衝突を繰り返すことによって、形成されたからである。天体が衝突すれば、その衝撃で温度が上がり、壊滅的な状況になることは間違いない。もしも昔の情報が残っていたとしても、すべて溶けてなくなってしまうだろう。

ということは、小さな天体の方がよいということになる。火星と木星の間の小惑星帯もまあまあだが、もっといいのはエッジワース・カイパーベルトやオールト雲だ。もっとも、オールト雲は昔から太陽系の辺境にあったわけではないらしい。海王星のあたりで形成されたものが太陽系の辺境へと飛ばされた可能性が高いようだ。また最近では、エッジワース・カイパーベルトについても同じように、太陽系のもっと内側で形成されてから外側へ飛ばされた可能性が指摘されている。しかしそうだとしても、これらの天体は生まれてからずっと低温状態にあったので、昔の情報が氷漬けになって残っているに違いない。あまりにも遠いので、こちらから出かけていくことはできないけれど、うまい具合に向こうからやって来てくれることがある。それが隕石だ。小惑星や彗星のかけらなどが地球に落下したものである隕石は、いわば昔の太陽系の化石なのである。

隕石は普通、鉄隕石、石鉄隕石、石質隕石の3種類に分けられる。鉄隕石はおもに鉄やニッケルから成り、石質隕石はおもにケイ酸塩鉱物から成る。石鉄隕石はそれらが大体半分ずつである。これは現在の地球の組成に似ているので、覚えやすい。

地球は大きく4つの層からできている。一番外側が地殻で、その下がマントルだ。それから外核があって、一番内側が内核である。外側の2つ、地殻とマントルは岩石でできていて、その主成分がケイ酸塩鉱物だ。そして外核と内核は主に鉄とニッケルでできている。ちょうど隕石と同じである。

3種類の隕石のなかで一番多いのは、石質隕石だ。そして石質隕石は、さらに2種類に分けられる。コンドライトとエコンドライトである。コンドリュールという球形の物体をふくむ石質隕石がコンドライトで、含まない石質隕石がエコンドライトである。これらの中で、太陽系の初期の出来事を記録しているのは、コンドライトだけである。それ以外の鉄隕石や石鉄隕石やエコンドライトは、もともとはコンドライト（あるいはコンドライトのもとになった母天体）だったのだが、それが少なくとも一度は溶けてから固まったものだ。だからコンドリュールという原始的な構造が残っていないのだと考えられている。

コンドリュールというのは主にケイ酸塩鉱物から成る1ミリメートルぐらいの球形の物体である。ただし、このコンドリュール自体も、一度高温で溶かされてから冷えて固まったものだと考えられている。だがコンドリュールには不思議な特徴がある。高温で加熱されたにもかかわらず、ナトリウムやカリウムといった揮発性の元素が残っているのである。おそらくコンドリュールの加熱時間は非常に短く、しかもすぐに冷却されたのであろう。このような瞬間的で局所的な加熱現象が起きたのは、宇宙空間だと考えられている。おそらく放電や太陽からの衝撃波などで、一瞬加熱されたのであろう。初期の原始太陽系星雲で起きた加熱現象を記録している、いわばコンドリュールは原始太陽系星雲の化石なのである。

太陽系はいつできたのか

コンドライトは太陽系の化石であるが、もっとも古いコンドライトはいつのものだろうか。コンドライトにはコンドリュールという原始的な構造が残っている。だがコンドライトの中には、コンドリュールよりもさらに古い構造が残っていることがある。それがCAIだ。CAIとは「カルシウムとアルミニウムに富む部分」という意味の略称である。

どうやら原始太陽系星雲のかなりの部分は、ある時期に、すべてが気体になるぐらい高温になったらしい。カルシウムやアルミニウムは、比較的たくさん存在する元素の中では、最も高温でも固体でいられる元素である。おそらく高温になった原始太陽系星雲が冷えてきて、最初に固まった物質がCAIなのであろう。そのCAIの形成年代にはいくつかの測定値があるが、だいたい45億6700万年前である。ちなみにコンドリュールが形成されたのは、CAIが形成されてから数百万年ほど後らしい。ともあれ隕石の中にはCAIよりも古い物質は見つかっていない。おそらくCAIは太陽系における最古の固体物質であろう。原始太陽系星雲はCAIより先に形成されていなければおかしいので、大体46億年前ぐらいに形成されたのではないかと考えられているわけだ。

ところで、ガスや塵といった星間物質が集まって太陽系になったわけだが、ガスというのは気体のことである。塵というのは小さな固体のことである。星間物質に液体はないのだろうか。またCAIの話のときにも、ガスが固まってCAIになったと述べた。気体から固体になったわけだ。液体の段階はないのだろうか。

水は摂氏0℃で凍り、100℃で沸騰する。しかしこれは1気圧の場合である。たとえば富士山の山頂では気圧が低いので、水が88℃ぐらいで沸騰してしまう。一方、凍る温度は、ほんの少しだが高くなる。したがって気圧が下がると、だんだん水が液体でいられる温度の範囲がせまくなるのだ。そしてついに0・006気圧になると、水は液体では存在できなくなる。水はこの気圧では、温度が0・01℃より低ければ固体の氷、高ければ気体の水蒸気になるのである。水が液体のかたちで存在できるのは、圧力が0・006気圧より高いときだけなのだ。これは水の話だが、他の物質でも基本的には同じである。圧力が非常に低ければ、液体は存在しないのだ。宇宙空間の圧力はかぎりなくゼロに近いので、液体は存在できない。したがって星間物質は気体か固体、つまりガスか塵という形で存在するしかないのである。

第2部　地球の形成（45・5億年前〜）

第4章　地球と月の誕生

微惑星から地球へ

ある時期に原始太陽系星雲は非常に高温になり、そのほとんどが気体になってしまったと前章で述べた。この時期には、まだ地球がなかったことは明らかである。大部分が気体になってしまった太陽系が冷えてきて、最初に固まった物質がＣＡＩだ。最古のＣＡＩはおよそ45億６７００万年前のものであるから、地球が形成されたのはこれよりも後ということになる。

玄武岩質の隕石も、地球の形成年代を考えるときの参考になる。玄武岩があるということは、それなりに大きな天体があったことを意味するからである。

夏になると、凍らせたジュースの入っているペットボトルがコンビニエンスストアに並んでいる。カチカチに凍っているので、買ってもすぐには飲むことができない。そのうちに少し溶けてくる。この最初に溶けたジュースを飲むと、ものすごく甘い。それから、溶けたジュースを少しずつ飲んでいると、だんだん甘くなくなってくる。味が薄くなってくるのだ。最後まで凍っていた部分などは、もうほとんど味がない。

つまり部分的に溶けた溶液は、液体の部分が濃くて、固体の部分は薄いのだ。これは、高校の化学で教わる「凝固点降下」を反映した現象だ。凝固点降下とは、溶液の濃度が高くなると、凍る温度（凝固点）が低くなる現象である。つまり凍った溶液を温めていくと、凝固点が低い部分から、つまり濃度の高い部分から溶けていくのである。

もちろんジュースを全部凍らせて、再び全部を溶かしてかき混ぜれば、最初と同じ濃度になる。でも全部を凍らせてから一部を溶かせば、その濃度はもとの濃度とは変わってしまうのだ。

岩石も同じである。高温でかんらん岩（P57参照）が溶けると、かんらん岩のマグマになる。マグマとは、液体になった岩石のことだ。今度は逆に冷やしていって、かんらん岩のマグマをすべて均質に固めれば、再びかんらん岩になる。これは当然だ。しかし、かんらん岩のマグマの一部が固まった場合は、かんらん岩にはならないのだ。成分の割合が変わって、かんらん岩よりもケイ素などが多い玄武岩になってしまうのである。

原始太陽系星雲ではガスや塵が集まって、小さな天体になった。それからまた、小さな天体同士が衝突して、直径が数キロメートルほどの微惑星になった。衝突するたびに放出されるエネルギーによって、微惑星はだんだん熱くなっていく。ある程度の大きさになると高温になって、微惑星の内部が溶解し始める。それが固まったものが玄武岩である。つまり玄武岩があるということは、内部が高温になるぐらいまで微惑星が成長したということだ。ここまでくれば、地球になるまで、あと一歩だ。コンピューターによるシミュレーションによれば、微惑星から地球ぐらいの惑星になるには、数百万年もあれば十分らしい。最古の玄武岩質の隕石は、およそ45億6000万年前のものである。ということは、それから少しして、おそらくは45億5000万年ぐらい前に、地球は形成されたのではないだろうか。

公転と自転の3つの例外

現在、8つの惑星が太陽の回りを公転している。8つとも同じ向きに公転している。これは原始太陽系星雲が回転していた名残りであろう。また、それぞれの惑星は、自分自身も回転している。つまり自転している。さらに、それぞれの惑星の回りを衛星が公転している。惑星の自転の向きも、衛星の公転の向きも、やはり惑星が太陽の回りを公転している向きと同じである。これらも、原始太陽系星雲の回転していた向きを反映しているのであろう。とはいえ、いくつかの例外がある。中でも目立つ例外は、3つである。

金星は、他の惑星とは逆向きに自転している。金星では、太陽が西から昇って東に沈むのだ。また、天王星では自転軸がほぼ横倒しになっている。太陽を回る軌道面、つまり公転面を転がっているような感じである。3つ目は、海王星の最大の衛星、トリトンだ。トリトンは海王星の回りを、通常とは逆向きに公転しているのである。

これらの3つの例外が起きた理由は、はっきりとはわかっていない。ひとつの説明としては、他の惑星の重力などの影響で、回転の向きが変化したというものだ。たとえば金星が、地球に最接近するときには、かならず同じ面を地球に向けている。これは金星の自転に地球の重力が何らかの影響を与えている証拠とされることもある（が、偶然と考える人もいる）。

もうひとつの説明は、他の天体が衝突したために、回転の向きが変化したというものである。惑星や衛星は、原始太陽系星雲の塵やガスが集まって形成された。ということは、惑星や衛星ができる最終段階では、かなり大きな天体同士が衝突したはずだ。他の天体と衝突したために、惑星や衛星の回転の向きが変化した可能性は、かなり高いといえるだろう。そして、おそらく想像を絶するような天体同士の衝突が起きたのは、他でもない、この地球であった。

月はどうやってできたのか

太陽系で最大の惑星は、木星である。直径で、地球の11倍もある。2番目は土星で、地球の9倍だ。

大きな衛星を持っているのも、やはり木星である。木星の4大衛星といわれるガニメデ、カリスト、イオ、エウロパは、およそ200個ある太陽系の衛星中、1位、3位、4位、6位の大きさを誇る。大きさで木星の4大衛星に食い込んでいるのは、土星のタイタン（2位）と地球の月（5位）だけだ。土星は大きい惑星なので当然としても、ずっと小さな地球が、こんなに大きな衛星を持っているのは不思議なことである。半径で地球の4分の1以上もある月は、地球にとって身分不相応に大きな衛星なのだ。

このように大きな衛星が、どうして形成されたのだろうか。当然ながら、月の成因については古くから関心がもたれ、いくつもの仮説が提唱されてきた。現在もっとも有力なのは1975年にハートマンとデービスが提唱した「ジャイアント・インパクト説」だ。地球が形成されて間もない頃に、火星ぐらいの原始惑星が、地球に衝突したというのである【図4-1】。ちなみに、火星の直径はだいたい地球の半分で、月の直径はだいたい火星の半分である。

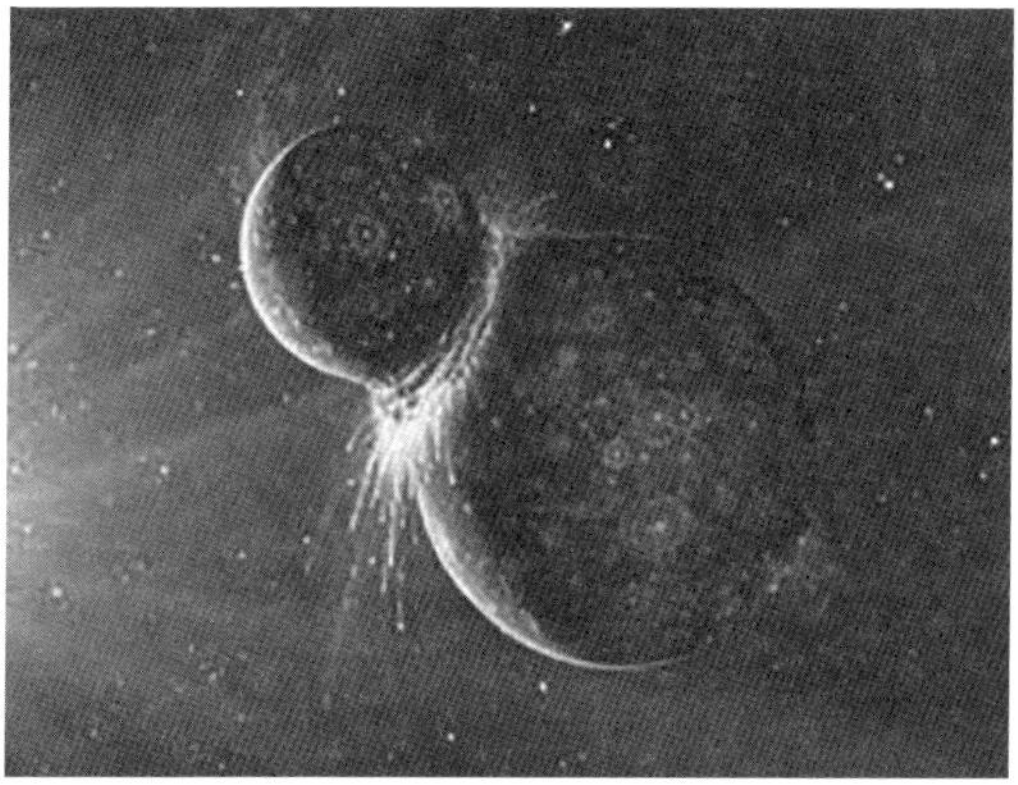

【図4-1】月ができた原因としては、原始惑星が地球に衝突したジャイアント・インパクト説が最有力である。©NASA

この地球に衝突した原始惑星は「ティア」と呼ばれている。ティアは地球に正面からではなく、横をかすめるように衝突したらしい。それでもティアはペシャンコにつぶれて、地球と合体した。いっぽうその衝撃で、地球からは地殻とマントルの一部が蒸発して、宇宙空間に漂うティアの残骸と混じり合った。それらが集まって、月になったという説である。

地球の中心には、鉄やニッケルでできた核がある。その核の外側にあるマントルや地殻は岩石でできている。いっぽう月には、金属の核がほとんどない。金属核の質量は、地球では30％以上になるが、月では3％にもならない。ジャイアント・インパクトによって、地殻やマントルといった地球の表層部がはぎとられて、それらが月になったからだと考えれば、この説明はつくだろう。

また、月の石には窒素、炭素、硫黄、水素といった蒸発しやすい揮発性の元素がほとんどない。これも、ティアが地球に衝突して、地殻やマントルが地球から飛び出したときに、揮発性の元素は宇宙空間に吹き飛ばされてしまったと考えれば、つじつまが合う。

さらに地球の自転軸は、公転面に垂直ではなく23度ほど傾いている。これもティアが衝突したためだと考えれば説明できてしまうのだ。

ただし、疑問点もある。月の石のさまざまな元素の同位体比が、地球と同じなのだ。同位体の比率は天体ごとに異なるのが普通なので、衝突前の原始地球とティアでは、同位体比が異なるはずなのだ。現在の地球や月を作った材料の、何%が原始地球に由来して、何%がティアに由来するのかはわからない。しかしその割合が、地球と月で、偶然に一致する可能性は低いだろう。となれば、現在の地球と月では、少しは同位体比が異なるはずだ。もしも元素の同位体比がまったく同じならば、原始地球が2つに分裂して、現在の地球と月になったケースなどを想定しなくてはならない。しかし、これはこれで、力学的に無理のある説である。

このようにすべてとは言えないまでも、多くの現象を説明することができるので、ジャイアント・インパクト説は現在もっとも確からしい説として認められている。では、ジャイアント・インパクトが起きたとして、それはいったいいつのことだったのだろう。それには、アポロやルナによって持ち帰られた月の石が参考になる。

地球上の最古の岩石（約42億8000万年前とされている）よりも古い岩石が、月にはあるのだ。

月の表面には水も空気もないので風化作用がなく、地球よりも古い岩石が残りやすいらしい。調べられた月の岩石の中で最古のものは、およそ45億年前のものである。したがってジャイアント・インパクトは、これよりも前に起こったことになる。もしも原始地球が形成されたのが45億5000万年前頃だとすれば、その後の5000万年間のどこかでジャイアント・インパクトが起こり、月が形成され、そして地球もほぼ現在の大きさになったのであろう。

熱くて赤い今より巨大な月

地球と月はお互いに、引力で引き合っている。そして月は、地球の回りを公転している。公転周期はだいたい27日である。

いっぽう地球は自転もしている。こちらは1日で1回転だ。月が地球の回りを1周する間に、地球は27回もグルグルと自転していることになる。地球の回転の方が速いので、速い地球が遅い月を、引力で前へ引っ張るような感じになる。月の公転する速度を上げるように、地球が引っ張っているわけだ。ハンマー投の選手が、ワイヤーの先についた砲丸を振り回しているときと似ている。ちなみに「ワイヤーの先に砲丸がついているもの」を「ハンマー」と言う。砲丸の回転する速度がだんだん速くなっていくように、月の公転する速度はだんだん速くなっているのである。

すると主に、2つの現象が起こる。まず、月が地球から離れていく。ハンマー投の場合は、回転速度が速くなってもハンマーは離れていかない。それはワイヤーが伸びないからだが、そのときワイヤーにかかる力は大きくなっている。回転する速度が速くなればなるほど、ワイヤーは強い力で砲丸を引っ張らなくてはならない。しかし地球と月の間にはたらく重力は、地球と月の距離が一定ならば変わることはない。だから月の回転する速度が速くなれば、月は地球から離れていってしまうのだ。実際に、月は現在も、1年に3・8センチメートルずつ地球から離れている。

ついでにいえば、月が地球から離れれば、公転する距離も長くなる。だから月が動く速度が速くなっても、公転周期が短くなるとは限らない。実際、月の公転周期は、だんだん長くなっている。

2つ目の現象は、地球の自転が遅くなることだ。月から見れば、地球は月を急かして速く回転させようとする存在だ。しかし地球から見れば、のろい月は地球の自転にブレーキをかける存在なのだ。地球の自転は、遅くなっているのだ。つまり現在、月は地球から離れつつあり、かつ地球の自転は遅くなりつつある。ということは時間をさかのぼれば、昔は月が地球に近くて、しかも地球の自転は速かったということになる。

現在の月と地球の距離は、およそ38万キロメートルである。しかし45億年ほど前に月ができたとき、月は地球から約2万キロメートルしか離れていなかった。空には、まだ熱くて赤い巨大な月が見えていたことだろう。満月の夜などは明るくて、現在の昼間とまではいかなくとも夕方ぐらいの明るさはあったようだ。

これだけ月が近いと、潮汐作用も激しくなる。現在の地球の海では、満潮時と干潮時の水位の差は最大でも十数メートルである。しかし当時は水ではなく、溶けた岩石が海のように地球をおおっていた。マグマオーシャンである。地質学的な証拠は残っていないが、満潮のときには、マグマが1000メートル以上も盛り上がったという推定もある。しかもこの頃の1日は約5時間である。その間に2回もこんな満潮がくるのだ。このような激しい地表の状態は大気にも影響し、いつも大嵐が起きていたと考えられる。同じ地球とはいっても、現在の地球とはまったく異なる、地獄のような環境だったことだろう。

第5章　地殻の形成

どうして地球の内部は熱いのか

太陽は熱く輝いている。それは核融合反応が起きているからである。いっぽう地球だってけっこう熱い。現在でも地球の中心の温度は、太陽の表面の温度（およそ6000℃）と同じくらいなのだ。昔はもっと熱かっただろう。でも地球では、太陽とは違って、核融合反応は起きていない。それではどうして、地球は熱いのだろう。

地球の熱源の80％以上は「集積エネルギー」である。微惑星などが地球に衝突したときに放出されるエネルギーだ。集積エネルギーを全部合わせると、地球の温度は4万2000℃まで上昇すると推定されている。もちろん実際には、衝突は少しずつ起きてきたし、そのたびに発生した熱の半分以上は宇宙空間に捨てられてきた。したがって、地球が4万2000℃になったことはないわけだ。

手に持っていたボールを床に落としたとしよう。手から離れたときのボールの速さはゼロである。しかし落ちていくにつれて、だんだんボールは速くなる。これは位置エネルギーが運動エネルギーに変化しているからだ。床にぶつかれば床が熱くなるが、これは運動エネルギーが熱エネルギーに変化したわけだ。ビンタをされると（されたことはないかも知れないけれど）、頬が熱くなるのも同じ原理である。

このように、重力で引き合っている2つの物体が離れていれば、それだけでこれらの物体は位置エネルギーを持っていることになる。少し近づけば、少し位置エネルギーが解放される。くっつけば、すべての位置エネルギーが解放される。

いま述べた集積エネルギーも、実は位置エネルギーの解放と考えられる。地球と微惑星などが離れていれば、それらは位置エネルギーを持っている。微惑星などが地球に衝突してくっつけば、位置エネルギーが解放されて、熱エネルギーなどになる。この、衝突によって解放された位置エネルギーが、集積エネルギーなのだ。

ところで初期の地球には、もう1つ、位置エネルギーの大規模な解放があった。地球の温度は4万2000℃にはならなかったと述べたが、それでも数千℃には達したようだ。すると、岩石が溶けてマグマになり、地球はマグマに覆われてしまう。マグマオーシャンだ。そして地球には、このマグマオーシャンの時代に、もう1つの熱源が発生した。「分化のエネルギー」だ。

地球の内部は、最初はだいたい均質だった。その後、重い金属は沈んで核となり、軽い岩石は浮かんでマントルや地殻になった。そして金属が沈むときに、大きな位置エネルギーが解放された。もちろん岩石が浮かぶときには、逆に位置エネルギーを吸収するわけだ。しかし岩石は金属よりも軽いので、岩石が吸収した位置エネルギーは、金属が解放した位置エネルギーに比べれば、小さいものだった。したがって全体としてみれば、均質な構造から、核やマントルや地殻に分化することによって、莫大な位置エネルギーが解放されたことになる。これが分化のエネルギーである。

前章で述べたジャイアント・インパクトが起きたのは、この金属と岩石の分化が起きた後であろう。もし分化が起きていなければ、月に金属核が少ないことが説明できないからだ。「岩石が多い地球の表層がはぎとられて月になったので、月には金属核が少ない」というロジックなのだから。地球における核とマントルなどの分化は、45億年前よりも前には、おおかた終了していたのだろう。

この集積エネルギーと分化のエネルギーで、地球の熱源のおよそ9割を占めると考えられている。残りは放射性元素の壊変によるエネルギーや、化学反応によるエネルギーなどだ。また、地球の内部で圧力により物質が収縮すると、その物質は仕事をされたことになる。それに相当するエネルギーも地球を加熱する熱源となっている。

重いかんらん岩の地殻の形成

地球の核に多い元素は、鉄とニッケルだ。いっぽう地殻やマントルに多い元素は、酸素とケイ素である。岩石の多くは酸素とケイ素でできているのだ。

ケイ素は、元素の周期表でみると炭素と同じ列で、炭素のすぐ下にある。だから炭素と性質が似ていて、他の原子と結合する腕の数は4本である。この4本の腕にそれぞれ酸素が結合して、SiO_4^{4-} の強固な四面体を作る。この四面体が地球の岩石の主成分である。

四面体同士が結合すれば、砂浜にたくさんある石英などの二酸化ケイ素（SiO_2）になる。何だか酸素が減ったみたいに見えるが、四面体同士が酸素を共有して結合するので、全体の割合としてはケイ素1つに酸素2つとなるのだ。

この四面体に金属イオンが結合したものが、ケイ酸塩である。鉄イオンやマグネシウムイオンが四面体に結合したものが「かんらん石」で、地球でもっともありふれたケイ酸塩である。

ちなみに鉱物というのは結晶構造をもつ化合物のことで、化学式で表すことができる。石英（SiO_2）やかんらん石（$(Mg, Fe)_2SiO_4$）は鉱物である。いっぽう岩石とは、さまざまな鉱物が混じったもので、ひとつの化学式で表すことはできない。岩石には、有機物など鉱物以外のものが含まれている場合もある。たとえば「かんらん岩」は、「かんらん石」や「輝石」などの鉱物からなる岩石である。

月が形成された頃の地球は、非常な高温で、マグマオーシャンに覆われていた。ケイ酸塩の蒸気からは、マグマの雨が降ったことだろう。そんな状態がしばらく続いたと考えられる。隕石の重爆撃はまだ続いていたし、質量数26のアルミニウムのような短命な放射性元素の崩壊によっても、初期の地球は加熱され続けていたからだ。月による強烈な潮汐作用も、地表が固化するのを遅らせるのに一役買っていただろう。それでも少しずつ地球が冷えてくると、マグマが固まって結晶ができ始めた。高温高圧下における実験から推測すると、1500℃ぐらいに冷えた地球では、かんらん石や輝石《きせき》などが生成したようだ。それらが混じって、かんらん岩が形成されて、地表を覆った。ジャイアント・インパクト以来、ずっとマグマという液体に覆われていた地球に、初めて硬い地表ができたのだ。しかし、かんらん岩が硬い地表を作っていたのは、ほんの短い間であったらしい。

重いかんらん岩から軽い玄武岩へ

ではなぜ、かんらん岩の地表は長続きしなかったのだろうか。それは重いからである。かんらん岩より1割以上も軽い玄武岩が形成されるようになると、かんらん岩は玄武岩の下に沈んでしまったのだ。

地球の表面の温度が下がってマグマが固まり、まずかんらん岩の地表ができた。しかし、地球の内部はまだ熱いのだ。それなのに、熱を宇宙空間へ逃がそうとしても、かんらん岩の地表がふたになって、それを許さない。かんらん岩の下部はどんどん熱せられて、1000℃ほどになると再び溶け始める。前に述べたように、かんらん岩の一部が溶ければ、できるのはかんらん岩のマグマではない。玄武岩のマグマができるのだ。玄武岩はかんらん岩より軽いが、玄武岩のマグマもかんらん岩のマグマより軽い。だから玄武岩のマグマは上昇する。裂け目などがあれば、どんどん地表に向かって上昇する。そしてすべての地表が、かんらん岩から玄武岩へと置き換わるのに、そう時間はかからなかった。玄武岩がかんらん岩の上に浮いている構造、つまり玄武岩の地殻ができたのである。

他の地球型惑星、つまり水星、金星、火星、そして月は、現在もこの段階で止まっていると考えられる。これらの星の表面は、基本的に玄武岩なのだ。しかし地球は、ここでは止まらなかった。玄武岩がまた溶けたのだ。おそらく地球は、他の地球型惑星よりも大きかったせいで、内部の熱量も大きかったのだ。

かんらん岩の一部が溶けて固まると、かんらん岩より軽い玄武岩になった。では、玄武岩の一部が溶けて固まると何になるか。玄武岩よりもさらに軽い花崗岩になるのだ。さらに、すぐ次節で述べるプレートテクトニクスという現象も、花崗岩の形成に役に立ったと考えられる。

地球は歯車のような星

水星の表面の高度分布をみると、一番多いのは高さが大体ゼロのところである。もちろん高いところもある。低いところもある。それでも水星の表面は、平均的な高さのところが多いのだ。水星を横から見れば、少しデコボコはしているけれど、だいたい円形をしていることになる。これは金星でも火星でも月でも同じである。ところが地球だけは違うのだ。

地球の表面の高度分布をみると、そこにはピークが2つある。高さが数百メートルのところと、深さがだいたい4000メートルのところだ。大陸と海洋底だ。その中間の高さの場所は、かなり少ない。つまり地球の表面は、大陸と海洋底の2段になっているのである。大げさにいえば、歯車のような形だろう。なぜかというと、地球には大きな花崗岩の塊があるからだ。花崗岩の塊が歯車の突き出たところだ。大陸地殻である。

水星や金星や火星や月では、かんらん岩の上に玄武岩が浮いている。でも地球では、かんらん岩の上に、玄武岩と花崗岩が浮いているのだ。花崗岩と玄武岩では重さ（比重）がはっきりと違

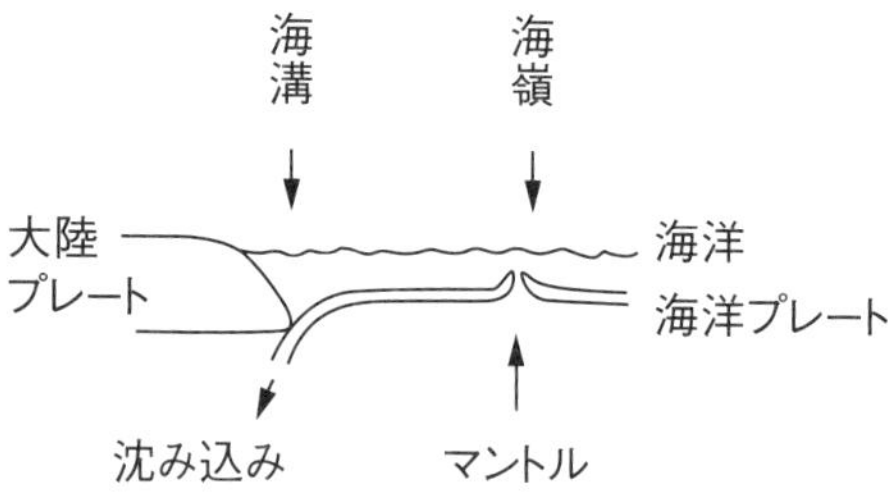

【図5-1】海嶺と海溝が見られるのは、プレートテクトニクスのためである。

うので、地球の表面は歯車のような2段構造になるのである。高いところが軽い花崗岩で、大陸だ。低いところが重い玄武岩で、海洋底だ。だから、もしも海水がなくても、大陸と海洋底は区別がつくのである。

ちなみに、現在の大陸地殻の厚さには、かなりの地域差があるが、大体30~60キロメートルだ。いっぽう海洋地殻の厚さは割と均一で、6~7キロメートルである。これらが、マントルの上に浮かんでいるわけだ。現在のマントルは3層に分かれていて、上から上部マントル、遷移層、下部マントルと呼ばれている。かんらん岩はこのうちの上部マントルの主成分である。

ところで、現在の地球は十数枚に分かれた岩石の板でおおわれている。この岩石の板は「プレート」と呼ばれている。プレートには、地殻だけではなくマントルの最上部もふくまれる。その理由は、プレートが動くときには、地殻だけではなくマントルの最上部も引きずられて一体となって移動するからである。プレートの厚さは場所によって異なるが、だいたい100キロメートルぐらいだ。このプレートの運動によって山脈や海溝などの地質構造を作り出す仕組みのことを「プレートテクトニクス」という【図5-1】。たとえば「海嶺《かいれい》」という海底に連なる巨大な山脈は、上昇してきたマントルが溶けてマグマになり、それが海洋プレートの端につけ足される場所だ。マントルが上昇してくるところなので、海底が盛り上がって山脈になるわけだ。だが、マントルは下部より上部の方が温度が低いのだから、上昇してきたマントルが溶けてマグマになるのは変な気もする。でも、固体が溶けて液体になるのは温度が上がるときだけではない。圧力が下がっても液体になるのだ。マグマの上部は下部にくらべて、温度も圧力も低い。この場合は温度よりも圧力の方が効いてきて、マントルは上昇すると溶けてマグマになるのである。また、重い玄武岩でできた海洋プレートが、軽い花崗岩でできた大陸プレートにぶつかり、その下に沈み込むところにできる深い海が「海溝」である。玄武岩が沈み込むと加熱されて融解し、花崗岩が形成される。

プレートテクトニクスは、地球の環境にも大きな影響を与えている。たとえば、プレートの動きが速くなれば、沈み込むときに炭酸塩の形で地球の内部へ持ち込む二酸化炭素がふえる。その結果、火山から放出される二酸化炭素もふえて、地球は温暖化するのである。

プレートテクトニクスがいつ始まったのか、実はよくわからない。しかしある説では、海ができたためにプレートテクトニクスが始まった可能性を指摘している。たとえば、水には岩石を柔らかくする性質があるので、大陸プレートにぶつかった海洋プレートが、曲がって沈み込みやすくなるというのだ。

さて、ここで少し時間をもどすことにしよう。花崗岩の地殻が形成される前の、玄武岩の地殻ができた頃だ。この頃に地球上に大きなイベントが起こった。液体の水の海ができたのである。

第6章　大気と海の形成

なぜ地球は美しく見えるのか

　1961年にボストーク1号に乗って、初めて地球を外から眺めたガガーリンは、地球の美しさに強い印象を受けた。暗い宇宙空間の中で、円光に包まれて青く光る地球に感動したのである。円光に見えたのは大気で、青かったのは海である。

　また、ガイア理論で有名なジェームズ・ラブロックも、地球の美しさに強く感動した一人である。地球を1つの生命体とみなすガイア理論を思いついたきっかけは、青く光る地球の美しさだったらしい。地球には大気と海があるので、ひときわ美しいのだ。

　地球の表面の7割以上は、海で覆われている。そのため、地球は水の惑星と言われることもある。だが海の水は、地球の全質量のわずか0・02%に過ぎない。ただ最近では、海よりもはるかにたくさんの水が、地球の内部に存在している可能性が指摘されている。水分子が分解してできたヒドロキシ基（水酸基）が、マントル中の鉱物に取り込まれているというのである。こういう水は、水滴のような形で存在しているわけではないので、構造水という。

　ところで、水（H_2O）からヒドロキシ基（OH）をとると水素（H）が残る。ヒドロキシ基がマントルにあるとすると、水素はどこにあるのだろうか。どうやら水素は、マントルよりもさらに下の、核（外核と内核）に取り込まれている可能性がある。核は鉄隕石のように、鉄やニッケルでできている。しかしそれにしては、核は密度が低く、融点も低いことが不思議だったのだ。もしも水素が含まれているとすれば、この密度や融点の低さをうまく説明できるのである。

このように、地球の内部にもかなりの水が構造水として存在していそうである。だがそれを考慮したとしても、ありふれた隕石であるコンドライトに含まれる水よりも、地球の水の割合は少ない。じつは水は、宇宙にたくさん存在する化合物の一つなのだ。地球はどちらかというと、宇宙の中で水の少ないところなのである。

大気は隕石から絞り出されてできた

直径が1〜10キロメートルぐらいの微惑星は重力が弱いので、気体を引きつけて大気を持つことはできない。しかし、月（直径で地球の約4分の1）から火星（直径で地球の約半分）ぐらいの大きさに成長すると、大気を持つことができる。この段階を原始惑星という。

原始太陽系星雲の中で、微惑星から原始惑星をへて惑星は誕生した。その過程で惑星は、原始太陽系星雲の中に充満していたガスを引き寄せて捕獲する。これが惑星の大気の起源としては、最も自然な考え方である。実際、木星型惑星の大気は、このようにして形成されたと考えられている。

ところで、原始太陽系星雲の質量の99％以上が集まって太陽になったので、太陽の組成は原始太陽系星雲の組成と考えてよい。太陽はもう46億年近くも核融合反応で輝いているのだから、ずいぶん水素がヘリウムに変化してしまっただろうという気もするが、そうでもないらしい。これまでに消費された水素は、1%以下と見積もられている。この46億年近くの間、太陽の組成はそれほど変化していないのだ。したがって、現在の太陽の組成は、誕生時の太陽の組成とほぼ同じで、さらに誕生時の太陽の組成は、原始太陽系星雲の組成とほぼ同じということだ。ということで、木星型惑星のように、原始太陽系星雲を集めて作られた大気は、太陽組成原始大気と呼ばれている。

4つの地球型惑星の中で、水星にはほとんど大気がない（気圧で地球の1兆分の1）が、金星、地球、火星には大気がある。しかし、それらの大気は、太陽組成原始大気ではない。また、太陽組成原始大気から変化したものでもないようだ。

地球の大気を太陽と比べたとき、大きな違いの1つは稀ガスの量である。地球の大気には、稀ガスが少ないのである。稀ガスとは元素の周期表の一番右の列に並んでいる元素で、He（ヘリウム）、Ne（ネオン）、Ar（アルゴン）、Kr（クリプトン）、Xe（キセノン）などである。これらの稀ガスは、原子核の周りにある電子の軌道が満員になっている。そのため他の原子との間で電子のやりとりがしづらく、化学反応を起こしにくいという性質を持っている。余談だが、キセノンは最近、クルマのヘッドライトに使われている。

太陽組成原始大気から稀ガスを除けば、地球の大気になりそうだが、残念ながらそうはいかない。反応性が高い元素を除く方法ならいくらでもあるが、反応性の低いものだけを除くのは至難のわざなのだ。ということは、地球の大気は太陽組成原始大気から変化したものではなく、もともと起源が違うということだろう。それでは地球の大気は、何に起因するのだろうか。

原始太陽系星雲の中では、隕石が周囲の気体を取り込むこともあっただろう。その時には反応性のある物質が取り込まれやすい。たとえば水は、水分子（H_2O）あるいはヒドロキシ基（OH）の形でかなりの量が隕石に取り込まれている。その一方、不活性な稀ガスはほとんど取り込まれなかったはずである。そんな隕石が惑星に衝突してすさまじい高温高圧状態になれば、隕石は脱ガスする。つまり、隕石から気体が絞り出される。このような脱ガスによって、地球の大気ができたと考えれば、稀ガスが少ないことを無理なく説明することができるのだ。こうして形成された大気を「脱ガス大気」という。実際には隕石だけでなく、地球内部からの脱ガスもあったと考えられる。

最初から塩辛かった海

コンドライトは太陽系の初期の出来事を記録している化石のような隕石であると前に述べた。その中でも炭素質コンドライトは熱変成を受けていないので、昔の太陽系の情報をよく保存している。この炭素質コンドライトから脱ガスする気体を推定すると、８割近くが水蒸気で２割近くが二酸化炭素である。この結果は初期の地球の大気組成をおおまかには反映していると考えられる。おそらく当時の地球の大気には、水蒸気が１００気圧以上、二酸化炭素も数十気圧はあっただろう。初期の地球の大気には、水蒸気が一番多かったのだ。だが地球が冷えてくれば、大気中の水蒸気は液体の雨になる。当時の大気には二酸化炭素の他にも、硫化水素や塩化水素が含まれていた。これらの成分が溶けた雨はきわめて強い酸性だったはずだ。この雨が溜まって地球には海が形成された。そして反対に、大気中の水蒸気は減少していった。

現在の大気中には0・035気圧ぐらいの二酸化炭素が含まれている。初期の地球と比べればずいぶん少ない。しかしこの0・035気圧の二酸化炭素のために現在の雨は、人間活動による汚染がなくてもpH5・6ぐらいの酸性になっている。ついでにいえば、pH5・6よりも酸性の雨を「酸性雨」という。pH5・6以下の弱い酸性ならば、たとえ化学的には酸性であっても酸性雨とは呼ばないのだ。しかし初期の地球の雨は、現在の酸性雨どころではなかった。したがって当時の海も強い酸性で、しかも水温は今よりも高かったと思われる。そんな雨や海は、岩石中のナトリウムやカルシウムをどんどん溶かしていく。おそらくできたばかりの頃から海は今と同じぐらいに、いやもしかしたら今以上に、塩辛かったことだろう。

さらに海には二酸化炭素が溶けていく。溶けた二酸化炭素は海水中のカルシウムイオンと結合して、石灰岩になって沈殿する。すると海水中から二酸化炭素が除かれるので、また大気中から二酸化炭素が溶ける。こうして地球の大気からは、水蒸気だけでなく二酸化炭素も減少していくことになる。そして地球の大気は、残った窒素を主体としたものへと変化し始めたのである。

海はいつできたのか

ジルコンはダイアモンドのような輝きをもつ宝石である。またジルコンは、重くて硬い鉱物で、風化に強いことでも有名である。ジルコンを含む岩石が風化によってこわされても、ジルコンの結晶はこわれない。岩石から削り取られたジルコンの結晶は、再び堆積して別の岩石の一部になる。そんなことを何十億年も繰り返すのだ。太陽系で最古の固体物質はＣＡＩであった。一方、地球で最古の固体物質はジルコンの結晶だ。オーストラリアのジャックヒルズで見つかったジルコンの結晶は、なんと44億年前のものであった。

ジルコンという鉱物の化学式は$ZrSiO_4$であり、酸素を含んでいる。この酸素の同位体比はジルコンができたときの温度を知る手がかりとなる。自然界では、質量数が16の酸素が大体99・8％で、18の酸素が大体０・２％存在している。ところが温度が低いと、質量数18の重い酸素の割合が少しだけ増えるのである。この酸素の同位体比によれば、およそ44億年前のジルコンが形成されたときの温度は、だいたい２００℃程度と考えられている。

水は１００℃で水蒸気になると言われる。でもそれは現在の地球の表面、すなわち1気圧の場合である。44億年前の地球は気圧がけた違いに高かったので、２００℃になっても水は液体である。したがって、もし２００℃という見積もりが正しければ、44億年前の地球には、すでに海があったことになる。ただし、44億年前に海があったという説には反対する人もいる。確実に海があったという証拠が出るのは、およそ38億年前の地層からである。

グリーンランドのイスアでは、38億年前の枕状溶岩がみられる。溶岩が水中で急冷されると、ちょうど枕のような形で固まることが多い。これを枕状溶岩といい、大量の水が存在した証拠とされる。また、海底で堆積したと考えられる地層もみられるので、遅くとも38億年前までに海が形成されたことは確かであろう。

火星に生命が期待される理由

地球は宇宙の中で、特に水の多いところではない。さっきはそう述べたものの、ではお隣の惑星である金星や火星はどうだろう。海などまったくないではないか。やはり地球は水の多い惑星なのではないだろうか。まあ、確かに今はその通りだ。現在の金星の地表には、水はまったくない。大気中にも水蒸気はほとんどない。でも昔は金星にも、そして火星にも、おそらく水蒸気はたくさんあった。金星も火星も、地球と同じように、脱ガスによって大気が形成されたと考えられているからだ。しかし現在では、水は失われてしまったのだろう。

理由はいくつか考えられる。たとえば金星の場合は、温度が高いために水はすべて水蒸気になっていただろう。その水蒸気は大気の上層で、光分解されてしまったのかも知れない。もしそうなら、分解されてできた水素は宇宙空間へ逃げ、酸素は金星のマグマオーシャンに溶けて、水はなくなってしまう。

火星の場合は金星とは違って、過去には液体の水がたくさんあったらしい。しかし火星は小さいので重力が弱く、長期間にわたって大気を引きつけておけなかったので失われてしまった。当然二酸化炭素などの温室効果ガスも失われたので、火星の温度は下がり、水は液体の状態ではいられずに凍ってしまったと考えられる。しかし最近、液体の水らしきものが火星の表面で観測された。おそらくこの火星の水は、とても塩辛い水だろう。塩分濃度が高ければ融点が下がるので、今の寒い火星でも液体の状態でいられるからだ。また凍った状態の水なら、火星の地下や極域などに存在している。火星における生命の存在が期待される所以である。

太陽は明るくなっている

永遠に変わらないものはない。それは人の世の話だけではない。空に輝く太陽だって、同じ明るさで輝き続けることはできないのだ。実は太陽は、少しずつ明るくなっている。だから地球に届く熱も、だんだんに多くなっている。あと10億年もすれば、地球は太陽にあぶられて、カラカラに乾いた星になってしまうだろう。それはそれで心配だが、ここでは昔に目を向けてみよう。

現在、太陽がだんだんに明るくなっているということは、昔は暗かったということだ。地球ができたころの太陽は、今よりも30%ぐらい暗かったと考えられているのである。

太陽が暗ければ、地球は寒くなるだろう。だんだんと明るくなってきたとはいえ、しばらくの間は、まだまだ太陽は暗かった。普通に考えれば、20億年前ぐらいまでは、地球は凍りついていたはずなのだ。だが、遅くとも38億年前には地球には海があった。地球はその初期から凍りついてはいなかったのだ。この不思議な現象を、有名な惑星科学者であったカール・セーガンは「暗い太陽のパラドックス」と呼んでいた【図6-1】。

このパラドックスは、主に大気中の二酸化炭素などの温室効果ガスの量で説明されることが多い。昔は大気中の二酸化炭素の量が多かったので、温室効果が強くはたらき、太陽光の不足を補っていたというのである。他にも、昔は陸地が少なかったので太陽光を多く吸収する海が広かっ

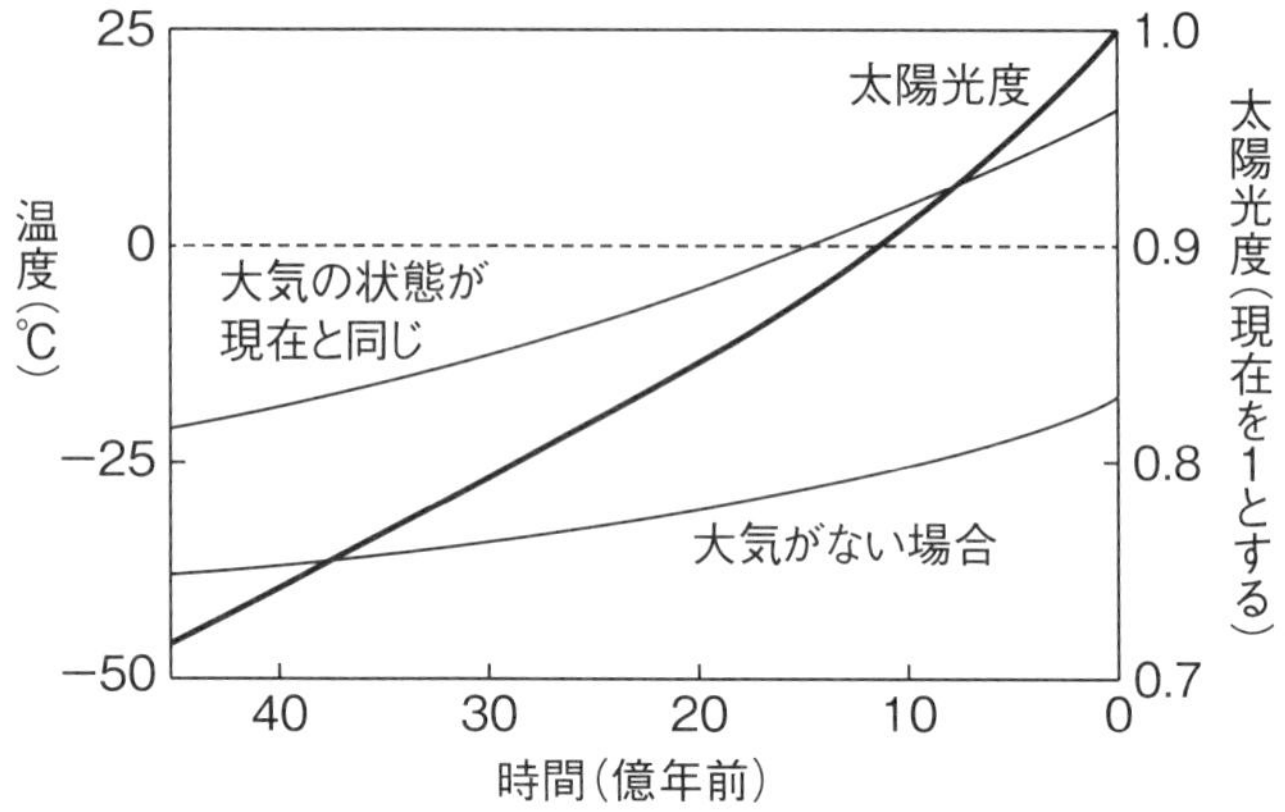

【図6-1】太陽はかつて今より30％ほど暗かった。が、海は初期の頃から凍りついてはいなかった。これを「暗い太陽のパラドックス」という。

たことを理由にあげる人もいる。また、陸地が少なければ、大気中の細かい粒子も少なかっただろう。すると、粒子のまわりに水が凝集しないので、太陽光を反射する雲が少なかったという説明もある。まあ、いろいろな要因が絡んでいるのだろうが、主な原因は二酸化炭素の量が多かった、でよさそうである。それには理由がある。

地球の環境は、およそ40億年ぐらいの間、かなり一定に保たれている。ということは、太陽が明るくなるにつれて、その効果をちょうど相殺するように、温室効果ガスが減っていかなければならないことになる。しかし、そんなうまい話が、本当にあるのだろうか。

うまい話を実現させるためには、地球の環境を安定させるような「負のフィードバック」が働いていなければならないであろう。負のフィードバックというのは、結果が原因を抑制することである。暑くなったら温度を下げ、寒くなったら温度を上げるのが、負のフィードバックだ。逆に、暑くなったらさらに温度を上げ、寒くなったらさらに温度を下げるのは、「正のフィードバック」である。

有名な温室効果ガスとしては、二酸化炭素の他にメタンがある。そして実は、温室効果ガスとしての効果はメタンの方が強いのだ。そのうえメタンは、正のフィードバックとして働くという意見もある。気温が上がると海底に大量に存在するメタンハイドレートが溶けて、大気中のメタンが増加するというのだ。すると、ますます地球の温度は上がってしまう。もしこれが正しければ、地球の気候は滅茶苦茶になっていただろう。しかし幸いなことに、メタンは大気中では不安定で長く存在することができない。地球の気候が安定していたのは、メタンが大気中に少なかったおかげなのかも知れないのだ。

現在の地球の平均気温は15℃である。しかし、もし他の条件は変えずに、大気中から温室効果ガスをなくしたら、地球の平均気温はマイナス18℃になってしまう。温室効果ガスのおかげで、33℃も地球の気温は高くなっているのだが、その多くを担っているのはメタンや二酸化炭素ではなく、実は水蒸気である。水蒸気も地球の気候に関して、正のフィードバックとして働くと考えられている。気温が上がれば海水が蒸発して水蒸気が増え、ますます温度が上がるのである。ただし、大気中に存在できる水蒸気の量には限りがある。いわゆる「飽和水蒸気量」だ。それに比べて大気中に存在できる二酸化炭素の量には上限がなく、いくらでも増えることができる。しかも、メタンや水蒸気と違い、二酸化炭素は負のフィードバックとして働く。数十億年に渡って大気に含まれる量を大きく増減させながら、地球の環境を安定させることができるのは、やはり二酸化炭素のようである。

二酸化炭素は火山活動によって、いつも地球内部から大気中に供給されている。大気中の二酸化炭素は雨に溶けて炭酸になり、地表に降り注ぐ。陸上に降った場合は、炭酸が岩石を溶かすという化学的風化がおこり、カルシウムイオンなどが海へと流れ込む。海では炭酸（正確には炭酸水素イオン）とカルシウムイオンから石灰岩が形成され、海底に堆積する。海底はやがて大陸の下に沈み込み、石灰岩は高温高圧状態で分解されて二酸化炭素になる。大体このようにして二酸化炭素は形を変えながら、地球を循環している。この循環システムの中で、二酸化炭素は負のフィードバックとして働いている。

気温が上がると、化学的風化が促進される。一般的に化学反応は、温度が上がれば促進されるからだ。すると大気中の二酸化炭素がどんどん消費されて石灰岩が増える。結局、大気中の二酸化炭素が減って、気温の上昇にブレーキがかかることになる。気温が下がった場合はこの逆になる。どちらにしても二酸化炭素は、環境を安定させるように働くわけだ。同じ温室効果ガスとはいっても、メタンや水蒸気には、このように環境を安定させる力はないのである。

ただ、ある見積もりでは、大気や海洋中の二酸化炭素が入れかわるのに、大体50万年かかるという。地球の歴史としては一瞬かも知れないが、人間の感覚では、この安定化システムは、ずいぶんゆっくりとしか働かないのだ。ここ100年やそこらの二酸化炭素の増加による温暖化とは、また別の話と思った方がいいだろう。

地球は生きているか？

大気と海洋が形成されたことによって、地球の環境はかなり安定した状態になった。物質やエネルギーが出たり入ったり循環したりしながら、全体としてはだいたい同じ状態を保つようになった。地球は動的平衡状態に達して、安定したのである。ところで私たち人間は、気温が高くても低くても、体温を37℃前後に維持することができる。動的平衡状態を保っている点では、私たちと地球は似ているのだ。

地球が生きていると考えた人は、昔からたくさんいた。それが半ば常識だった時代もあった。レオナルド・ダ・ビンチも地球を生物だと考え、その証拠を得ようとして研究したようだ。最近では、この章の冒頭で述べたガイア理論がそれに近い。提唱者のジェームズ・ラブロックはいろいろな言い方をするのでやや分かりにくいが、「生物は自らの存続に最適なように地球環境を維持している。つまり生物を含めた地球は、自己調節システムを備えている。したがって、地球は1つの巨大な生命体として理解するのが適切である」という主張らしい。

生物の定義というのはなかなか難しい。まあ、定義は人間が決めるものだから、そう目くじらを立てることはないのかも知れない。でも、ポイントを押さえていないと使いにくい。もしも「自己調節システムを備えているもの」を「生物」とすれば、確かに現在の地球に生息している生物はすべて含まれるだろう。そして地球も含まれるだろう。でも、他にもいろいろなものが含まれてしまう。冷蔵庫だって生物になってしまう。

現在、地球に生息する生物が持っている特徴というものは、おおまかに言って3つある。1つは「境界」だ。外界と自己を分ける仕切りで、具体的には細胞膜がこれに当たる。2つ目は「代謝と恒常性」だ。物質やエネルギーを外界とやりとりして、境界の内側の状態を一定に保つことだ。「動的平衡状態にあること」や「自己調節システムがあること」は、この2つ目の特徴の別の表現だろう。3つ目は「複製」だ。人間でいえば子供を作ることである。

現在の地球に生息しているすべての「生物」は、この3つの特徴を持っている。コンピューターが作り出す仮想空間にも、この3つの特徴をもつ存在がいそうだけれど、まあそれは考えないことにしよう。地球は大気や海洋を形成したことにより、かなりの恒常性を持つようになった。たしかにこれは、地球が他の惑星や衛星と大きく違うところである。しかし、一番異なるところは、地球には生物があふれていることである。生物が誕生して進化したことである。そして生物がいるために、地球の環境はさらに安定した可能性もあるのだ。それでは生物は、どのようにして地球に誕生したのだろうか。

第3部　細菌の世界（40億年前〜）

第7章　生命の誕生前夜

生命は物質から作られた

前章で述べたように、遅くとも約38億年前には、地球には海ができていた。そしてあとで（P101）述べるように、最古の生命の痕跡も、やはり約38億年前の地層から検出されている。したがって、38億年前の地球には、すでに海があって生物が存在していたということになる。ということは、生物が誕生したのはその少し前だろう。だいたい40億年前といったところだろうか。

ところで生物というものは、実にふしぎな存在である。たとえば私たち（ヒト）のように、自由に動いたり、意識があって色々なことを考えたりする生物は、ただの物質とはとても思えない。魂のような超常的なものが、体の中にあるような気がしてしまう。しかし、やはり生物は、ただの物質なのだ。ただ、とても複雑な物質なので、そのしくみを直観的に理解することができないのだ。

もしも生物に魂があるのなら、生物を物質だけで作ることはできない。物質で体を作ったあとで、そのなかに魂を入れてやらなくてはならないからだ。一方いくら複雑であっても、生物が物質だけでできているなら、もちろん物質だけで作ることができるはずだ。単純な物質をうまく組み合わせたり反応させたりしていけば、いつか生物が誕生するだろう。こういう考え方を「化学進化説」という。

「化学進化説」自体は、おそらく正しいと思われる。しかし単純な物質から生物にいたる道筋には色々な考え方があり、百家争鳴の状態にある。この分野の弱点は、証拠がないことである。

探偵もののテレビドラマでは、容疑者がたくさん出てくる話がよくある。「殺されたAさんの妻が怪しい」と言う人もいれば、「いや、Aさんの弟が犯人だろう」と言う人もいる。でもよく考えると、Aさんの友人も、先輩も、取引先も、浮気相手も、行きつけの店のマスターも、みんな怪しいのだ。それなのに証拠はまったくない。誰が犯人なのか全然わからない。テレビドラマなら、話が進んで終わりの方になれば、だんだん証拠がでてきて容疑者がしぼられていき、ついに犯人が明らかになる。でも「化学進化説」という生命の起源のドラマは、まだ放送の途中なのだ。では、犯人はまだわからないけれど、どんな感じのドラマなのか、少しだけ覗いてみることにしよう。

すべての生物は中心原理に従っている

生物の遺伝子はDNAでできている。このDNAをもとにしてRNAを合成し、DNAの情報をＲＮＡに移す。そしてさらに、ＲＮＡの情報をもとにしてタンパク質が合成される。このタンパク質が生命現象の主役である。私たちが歩いたり考えたりできるのは、このタンパク質がさまざまな働きをしているからだ。この、「遺伝子」から「生命現象の主役」までの「ＤＮＡ（情報）→ＲＮＡ（情報）→タンパク質（生命現象の主役）」という流れは、すべての生物が共有している。そこで、「セントラルドグマ（中心原理）」と呼ばれている。

このセントラルドグマにすべての生物が従っているということは、このドグマが成立したことが、生命の誕生にとって重要なステップだったということだろう。では、このセントラルドグマはどうやって進化したのだろうか。実は、生命の起源のドラマの中で、もっともよく〝放送〟されているのが、このセントラルドグマの話である。なぜなら、セントラルドグマの進化には、１つの謎があるからだ。この謎のせいで、セントラルドグマの話は人気があるのである。

セントラルドグマによれば、生物のおおもとはＤＮＡである。したがって、化学進化の順番は、だいたい以下のようになるはずだ。まずＤＮＡが地球上でできて、それからＲＮＡが作られて、最後にタンパク質が合成された。その後、ついに生命が誕生したのである。この流れには、とくに問題はなさそうだ。それでは、おおもとのＤＮＡについて考えてみよう。ＤＮＡはどうやってできたのだろうか。

実はＤＮＡはかなり複雑な分子である。ＤＮＡの材料を集めて、それらを煮たり焼いたり放電したりしてみても、ＤＮＡを作ることはできない。それでは生物はどうやってＤＮＡを作っているかというと、タンパク質の力を借りて作っているのである。生物の体の中では、たくさんの化学反応がおこなわれている。それらをコントロールしているのが酵素とよばれるタンパク質である。この酵素というタンパク質の働きによって、DNAは作られているのだ。

だがそうなると、困ったことになる。セントラルドグマによれば、DNAがなければタンパク質は作れない。しかし、タンパク質がなければDNAも作れないのである。もちろん、今は問題ない。生物の体の中に、DNAもタンパク質もあるからだ。しかし最初はどうだったのだろう。DNAもタンパク質もない状態から、どちらが先にできたのだろうか。

すべての始まりはRNAだったのか

DNAが先か、タンパク質が先か。この謎にひとつの答えを提出したのが「RNAワールド仮説」だ。最初はDNAでもタンパク質でもない。最初に現れたのはRNAだったというのである。

アメリカの分子生物学者、トーマス・チェックには、何が起きているのかわからなかった。テトラヒメナという単細胞生物のリボソーム（タンパク質を合成する細胞内粒子）に含まれるRNAを調べていたときのことである。試験管の中でRNAが勝手に切れたりつながったりするのだ。もちろん初めはタンパク質がRNAを切ったりつなげたりしているのだろうと考えた。酵素としてはたらくタンパク質の中には、RNAを切ったりつなげたりするものが知られていたからだ。

そこで、まずはタンパク質を見つけようとしたのだが、どうしても見つからない。最後にはタンパク質の分解処理までして、タンパク質がまったくない試験管の中で実験をしてみた。それでもRNAは切れたりつながったりした。こうなっては、チェックも認めないわけにはいかなかった。RNA自身に酵素としての働きがあるのだ。チェックらは1982年にこの結果を発表した。そして酵素として働くRNAをリボザイムと命名した。

ちなみに、カナダ生まれのアメリカの分子生物学者、シドニー・アルトマンらも、RNAに酵素としての働きがあることを、すでに1975年の時点で発見していた。アルトマンは大腸菌を使って研究を続け、1989年にノーベル化学賞を、チェックとともに受賞することになる。

さて、酵素としてはたらくRNAが発見されると、セントラルドグマに対する見方は大きく変化した。DNAは遺伝子などの情報をもっているが、酵素ではないので、一人ではなにもできない。タンパク質は酵素として働いて生命現象の主役にはなれるが、遺伝子にはなれないので、やはり一人ではなにもできない。しかしRNAは遺伝子にもなれるし、酵素として働くこともできる。DNAもタンパク質もいらない。RNAだけあれば、一人でなんとかなるのである。したがって生命の初期の段階では、RNAが一人二役で、遺伝子としても酵素としても働いていたのではないだろうか。ただ、遺伝子という機能に関していえば、RNAよりも安定なDNAの方がすぐれているだろう。また、酵素という機能に関していえば、さまざまな立体構造をつくれるタンパク質の方が、RNAよりすぐれているだろう。そこで進化の過程で、遺伝子としての機能はRNAからDNAに、酵素としての機能はRNAからタンパク質へと、徐々に移行していったのではないだろうか（P82の【表7-1】参照）。

このように、生命の初期の段階ではRNAが遺伝子としても酵素としても働いていたとする考えが、「RNAワールド仮説」だ。ウイルスの中にはDNAではなくRNAを遺伝子としているものがいる。また、セントラルドグマとは逆向きに、RNAからDNAを合成する逆転写酵素をもつ生物もいる。これらは大昔に存在したRNAワールドの名残りなのかも知れない。生命の起源のドラマの容疑者の一人が、このRNAワールド仮説なのである。

RNAは犯人ではないかも知れない

DNAより先にRNAが進化した。この考えは、つまりRNAワールド仮説は、現在の生物の細胞で起きている化学反応からも支持される。DNAもRNAも、ヌクレオチドという化合物がたくさんつながった分子である。もうすこし細かくいうと、RNAはリボヌクレオチドがたくさんつながった分子で、DNAはデオキシリボヌクレオチドがつながった分子である。そして現在の細胞の中では、デオキシリボヌクレオチドはリボヌクレオチドを材料にしてつくられるのだ。つまり、DNAの材料はRNAの材料からつくられるのである。これならDNAより先にRNAが進化するのが自然だろう。

だが、どうもすっきりしない。実は、RNAの材料であるリボヌクレオチドをつくる材料には、アミノ酸が含まれているのだ。アミノ酸はタンパク質の材料である。つまり、現在の細胞の中では、DNAの材料はRNAの材料から作られ、RNAの材料はタンパク質の材料から作られるのである。そう考えると、最初にあったのはタンパク質のような気がしてくる。RNAワールド仮説は、すこし不自然ではないだろうか。RNAワールド仮説は、DNAよりRNAが先にあっただけではなく、タンパク質よりもRNAが先にあったという考えなのだ。

そもそもDNAやRNAの材料であるヌクレオチドというものは、作るのが大変なのだ。たしかに、生物の力を借りずにヌクレオチドを作ることは不可能ではない。だから、まだ生物のいない初期の地球でも、少しなら非生物的にヌクレオチドが作られたかも知れない。ただ忘れてはいけないのは、アミノ酸を作る方がずっと簡単だということだ。そのうえコンドライトという隕石にはアミノ酸が含まれていることもある。したがってアミノ酸は、宇宙からも供給されただろう。初期の地球には、ヌクレオチドが作られる前から、たくさんアミノ酸があったのだ。もしもヌクレオチドが作られたとしても、そのまわりには、ヌクレオチドよりもはるかに多くのアミノ酸があったはずだ。

さらにいえば、アミノ酸同士をつなげる方が、ヌクレオチド同士をつなげるよりも簡単だ。熱したり乾かしたりといった乱暴な実験でも、アミノ酸をつなげることはできるが、ヌクレオチドをつなげることはまず不可能である。

したがって初期の地球には、RNAよりも先に、タンパク質があっただろう。現在のタンパク質は、20種類以上のアミノ酸からできていて、その中には作るのが難しいアミノ酸もある。しかし、最初から20種類全部がそろっている必要はない。最初は作りやすい少数のアミノ酸だけで、タンパク質が作られていたのではないだろうか。初期の地球では、そういう簡単なタンパク質がRNAよりも先に存在していたことは、ほぼ確実と考えられる。

セントラルドグマの進化

① RNAワールド仮説
DNA←RNA→タンパク質

② タンパク質ワールド仮説
DNA←RNA←タンパク質

【表７-１】セントラルドクマはどう進化していったのか。ＲＮＡワールド仮説（上）とタンパク質ワールド仮説（下）。

犯人はタンパク質かも知れない

ＲＮＡやＤＮＡより先に、タンパク質があったという考えを、「タンパク質ワールド仮説」という。その代表的なものが２００５年に生物化学者の池原健二が提唱した「ＧＡＤＶ仮説」である。ＧＡＤＶというのはアミノ酸の略称で、グリシン、アラニン、アスパラギン酸、バリンを指す。この４つのアミノ酸は、放電するだけで簡単に作ることができるし、隕石の中からも見つかる。まあ、もっとも簡単にできるアミノ酸といってよいだろう。最初はこれらの４つのアミノ酸だけでタンパク質が作られたというのが池原の考えである。たった４つとはいえ、実際にこの４つのアミノ酸でタンパク質を作ってみると、けっこういろいろな性質のものができる。酵素として役に立つものも、その中にはあるだろう。

ＲＮＡワールド仮説と比べると、タンパク質ワールド仮説には、有利な点もあるが、弱点もある。有利な点は、いま述べた数の問題だ。ＤＮＡやＲＮＡに比べれば、タンパク質を作る方がずっと簡単なのだ。したがって初期の地球にはＲＮＡやＤＮＡよりも、時期的には先に、量的にも桁違いに、たくさんのタンパク質があったはずなのだ【表７-１】。

一方、タンパク質ワールド仮説の弱点は、複製の問題だ。ＤＮＡやＲＮＡに含まれている塩基はそれぞれ4種類あるが、G（グアニン）はC（シトシン）としか結合しないし、A（アデニン）はT（チミン）（RNAではU（ウラシル））としか結合しない。この性質を使えば、たとえばATTGという塩基配列をもつDNAを鋳型にして、TAACというDNAを簡単に作ることができる。さらにそのDNAを鋳型にすれば、最初のDNAとまったく同じATTGという塩基配列をもつDNAを新しく作ることもできるわけだ。したがって、DNAやRNAの複製は簡単に作れるのだが、タンパク質にはこういう性質がない。したがって、タンパク質を鋳型にして新しいタンパク質を作ることはできないのである。

このように、RNAワールド仮説とタンパク質ワールド仮説は一長一短である。まあ正直に言って、どちらが正しいのか、よくわからない。両仮説の弱点を解決するために、タンパク質ワールド仮説とRNAワールド仮説の融合案を提唱している研究者もいる。だが個人的には、タンパク質ワールド仮説の方が、可能性が高いような気がする。やはり、早い時期からたくさんあったタンパク質が、生命の起源において決定的な役割を果たしたのではないだろうか。

ともあれ、およそ40億年前に、地球に生命が誕生した。さて生命の起源について、もう1つの問題は、生命はどこで生まれたのかということだ。それについては次の章で検討してみよう。

第8章　生命の起源

電車とは何だろう

タイムマシンに乗って、江戸時代の人が現代の東京にやってきたとしよう。彼は山手線を見てびっくりする。そして周囲の人たちから、これが電車というものだと教えられる。さて、彼が再び江戸時代に戻ったとき、電車というものを江戸時代の人々にどのように教えたらよいだろうか。

彼はこんなふうに言うかも知れない。

「電車とは、緑色（正確にはうぐいす色）の物体である」

山手線しか見ていないのなら、そう思っても仕方がないだろう。しかし、もし彼が中央線も見ていたなら、こう言ったかも知れない。

「電車とは、レールの上を走る物体である」

レールの上を走ることは、山手線にも中央線にも共通している。電車の特徴と言ってもよいだろう。しかし中央線は緑ではなく赤（正確にはオレンジバーミリオン）である。緑色であることは電車の特徴ではないのだ。

電車とは何か。それに答えるためには色々な電車を見る必要がある。山手線しか知らなければ、

「電車とは何か」はわからないのだ。

「生命とは何か」という問いも、それに似ている。私たちは地球の生命しか知らない。だから「生命とは何か」はよくわからない。地球外生命がたくさん見つかって初めて、生命とは何かを論じることができるのだ。この章で述べることは地球上の生命から考えられることだけである。だからもしかしたら「電車とは緑色のものである」みたいな的外れなことを言ってしまうかも知れない。それは地球外生命が見つかっていない現時点では、仕方のないことだろう。それでも、「生命」について述べるときにはいつもそういう危険性があることを、頭の片隅に置いておく必要はあるだろう。

生命のふるさとはどこか?

生命は宇宙で生まれたと考える人がいる。確かに、電波を使った観測によって、宇宙空間にある星間分子雲から簡単な有機物が検出されている。おそらく宇宙線のエネルギーによって合成されたものだろう。したがって、星間分子雲から生まれた原始太陽系星雲にも、当然有機物は存在していたと考えられる。もっとも、地球のような太陽系の中心部にある惑星は、隕石の重爆撃による集積のエネルギーや惑星内部の分化のエネルギーなどによって、数千℃という高温を経験している。初期の地球は、マグマオーシャンでおおわれていたのだ。これでは有機物があっても、すべて分解してしまっただろう。しかし、太陽系の端の方にあるエッジワース・カイパーベルトやオールト雲(P39~40)は低温のままだったので、有機物が残っていたはずだ。その有機物が彗星や隕石によって、穏やかな環境になった地球にもたらされたことは、ほぼ確実である。

今のところ、星間分子雲からアミノ酸は検出されていないようだが、コンドライトという隕石や彗星からはアミノ酸が見つかっている。だから彗星には、氷も有機物もあるのだ。しかも周期的に太陽に近づくので、太陽から紫外線などの形でエネルギーも供給される。そうであれば有機物の反応が起こり、生命が誕生するかも知れない。そこで一部の研究者は、彗星で生命が生まれた可能性を指摘している。実際のところ、彗星で生命が生まれたかどうかはわからないが、地球の外からもたらされた有機物が、生命を誕生させる材料の、少なくとも一部になったことは確かだろう。

もし生命が生まれたのが彗星ではなく、地球だとしたら、それは地球のどこだろう。昔から生命誕生の場所として人気があったのは、浅い海だ。潮が引いて海岸の岩のくぼみに海水が残される。海水の中には有機物が溶け込んでいる。太陽に照らされて水分が蒸発し、くぼみに残された海水は濃縮され、有機物の濃いスープができる。そこで生命が誕生した。そんなイメージだ。ダーウィンも、有機物が溶けた温かい池の中で、生命が誕生した可能性を指摘している。コアセルベートという細胞のような（といってもあまり似ていないが）球状の構造体の研究で有名なオパーリンも、この考えだ。しかしこの説を有名にしたのは、何といってもミラーの実験だった。

スタンリー・ミラーは初期の地球の大気を模して、フラスコの中にメタンとアンモニアと水蒸気と水素を入れた。下の方には水をためておいた。そしてこの気体の中で、雷の代わりに6万ボルトの放電を開始した。翌日には水はピンク色になり、数日後には赤く濁った。この濁った水からは、グリシン、アラニン、アスパラギン酸などのアミノ酸が検出された。先に述べたGADV仮説の4つのアミノ酸の内の、3つができたわけだ。

もちろん生命ができたわけではないけれど、それでもこんなに簡単にアミノ酸ができたことは衝撃的だった。浅い海に雷が落ちれば、生命だってできそうな気がする。この実験に刺激されて、多くの研究者が似たような実験を始めたのである。

だがしばらくすると、ミラーの実験を批判する人があらわれだした。フラスコの中に入れた気体の成分がおかしいというのだ。65ページで述べたように、現在の見解では初期の地球の大気は脱ガス大気なので、ほとんどが水蒸気と二酸化炭素だと考えられている。窒素も少しあった。だが、ミラーの実験で使った気体は、メタン、アンモニア、水蒸気、そして水素だったのだ。もちろん、間違いは誰にでもあることだ。特に科学の世界では、以前の説が修正されることは、日常茶飯事である。だから、気体の成分を脱ガス大気の成分に修正して、また実験をすればよいだけだ。とはいえ、ちょっと困ったことになった。気体の成分を修正して実験をすると、アミノ酸ができないのである。

浅い海で生命は生まれたのか

物質が電子を失うことを酸化という。たとえば、酸素と結合する場合だ。鉄が酸素と結合する。すると電子が、鉄から酸素に移動する。鉄は電子を奪われたので、酸化されたことになる。逆に、酸素は電子をもらったので、還元されたわけである。

燃焼も酸化の例である。たとえばブドウ糖（$C_6H_{12}O_6$）を燃やすことを考えよう。化学反応式で書けば、こうなる。

$$C_6H_{12}O_6 + 6O_2 \rightarrow 6H_2O + 6CO_2$$

ブドウ糖を燃やすには酸素が必要で、燃えるとエネルギーを放出する。このとき、ブドウ糖は酸素に電子を奪われるので、ブドウ糖は酸化されたことになる。

このように酸素は電子を奪う力が強いので、酸素とくっつけば、たいてい酸化されたことになるわけだ。さらにいえば、燃焼とは酸素とくっつくことなので、燃えても酸化されたことになるわけだ。還元された物体が燃えると、酸化された物体になるのである。ただし、初期の地球の大気中には酸素がほとんどなかったので、実際に燃焼反応がおこることは、ほぼなかっただろう。「還元的な物質」は「燃える前の物質」で、「酸化的な物質」は「燃えた後の燃えカス」である、というのはあくまでイメージである。

ミラーの実験で使った気体は、還元的な気体である。水は別にして、アンモニアもメタンも水素も、酸素とくっついていない。メタンは天然ガスの主成分で、燃える前の物質だし、アンモニアもそうだ。水素も酸素と反応して燃える（というか爆発する）ので、燃える前の物質だ。だから還元的な物質である。

ところが、二酸化炭素は、酸化的な物質である。酸素がくっついているし、そもそもブドウ糖を燃やしたときにも、燃えた後の物質として二酸化炭素は出てくるのだ。だから脱ガス大気は酸化的な気体である。

ミラーは、初期の地球の大気は還元的だと考えて実験したわけだ。つまり、燃える前の物質を使って実験したわけだ。するとアミノ酸ができた。しかし脱ガス大気から、つまり燃えカスからは、アミノ酸はできなかったのである。

「生命は浅い海で生まれた」という説には、不利な証拠がもう1つある。それは、当時の地球には地磁気がなかったことだ。地磁気については112ページで述べるが、とにかく地磁気がないと危険な太陽風が地球を直撃してしまうのである。さらに初期の地球の大気中に酸素（O_2）がないので、強烈な紫外線を吸収してくれるオゾン（O_3）層も形成されなかった。地磁気もオゾン層もない地球の表面は、生物が生きていくためにはとても過酷な環境だったに違いない。

「酸化的な環境であること」と「太陽風が直撃すること」から、生命が浅い海で誕生したという考えは、以前ほどの人気はないようだ。とはいえ完全に否定されたわけではなく、有力な説のひとつであることに変わりはない。

たとえば隕石が地球に衝突すると、高温になり隕石が蒸発する。すると隕石中の鉄が酸素と反応して、その周辺の環境から酸素を奪う。結局、局所的には還元的な大気が形成されるので、ミラーの実験のようなことが初期の地球上で起こっていたという意見もあるのだ。

生命は地下で生まれたのか

2つのアミノ酸がペプチド結合をしてつながる。すると水素原子が2つ、酸素原子が1つ余る。つまり水分子（に相当するもの）が放出されるのだ。これを脱水縮合という。逆にアミノ酸同士のペプチド結合を切るためには水分子を1つ加えなくてはいけない。これが加水分解だ。つまりタンパク質のペプチド結合を切って、ばらばらのアミノ酸にするには水が必要だし、逆にアミノ酸をつなげてタンパク質を作ると、余った水が出てくるのだ【図8-1】。

したがってアミノ酸がつながったタンパク質は、水を奪うと脱水縮合しやすく、水の中では加水分解しやすいことになる。そこで、生命は海の中ではなく、むしろ地下で誕生したのではないかという考えもある。高圧で圧縮されると、分子から水が絞り出される感じで、アミノ酸がつながりやすくなるからだ。実際に現在の地球でも、地下には莫大な微生物が存在していると言われている。生物がいる領域を生物圏というが、地表の生物圏よりも地下の生物圏の方がはるかに広いらしい。したがって、地下で生命が誕生した可能性は十分にあると考えられる。

とはいえ水中でも、アミノ酸をつなげることはできる。実際に生物がアミノ酸をつなげているのも、細胞内の液体の中なのだ。また、地下で生命が誕生したことを支持するはっきりとした証拠は、今のところない。地下で生命が誕生したことについては、可能性があるというにとどめておこう。

実は現在もっとも有力な仮説は「生命は深海の熱水噴出孔付近で生まれた」というものである。この仮説は、生命の起源だけではなく、初期の生物の生き方にも関係してくるので、次章の「初

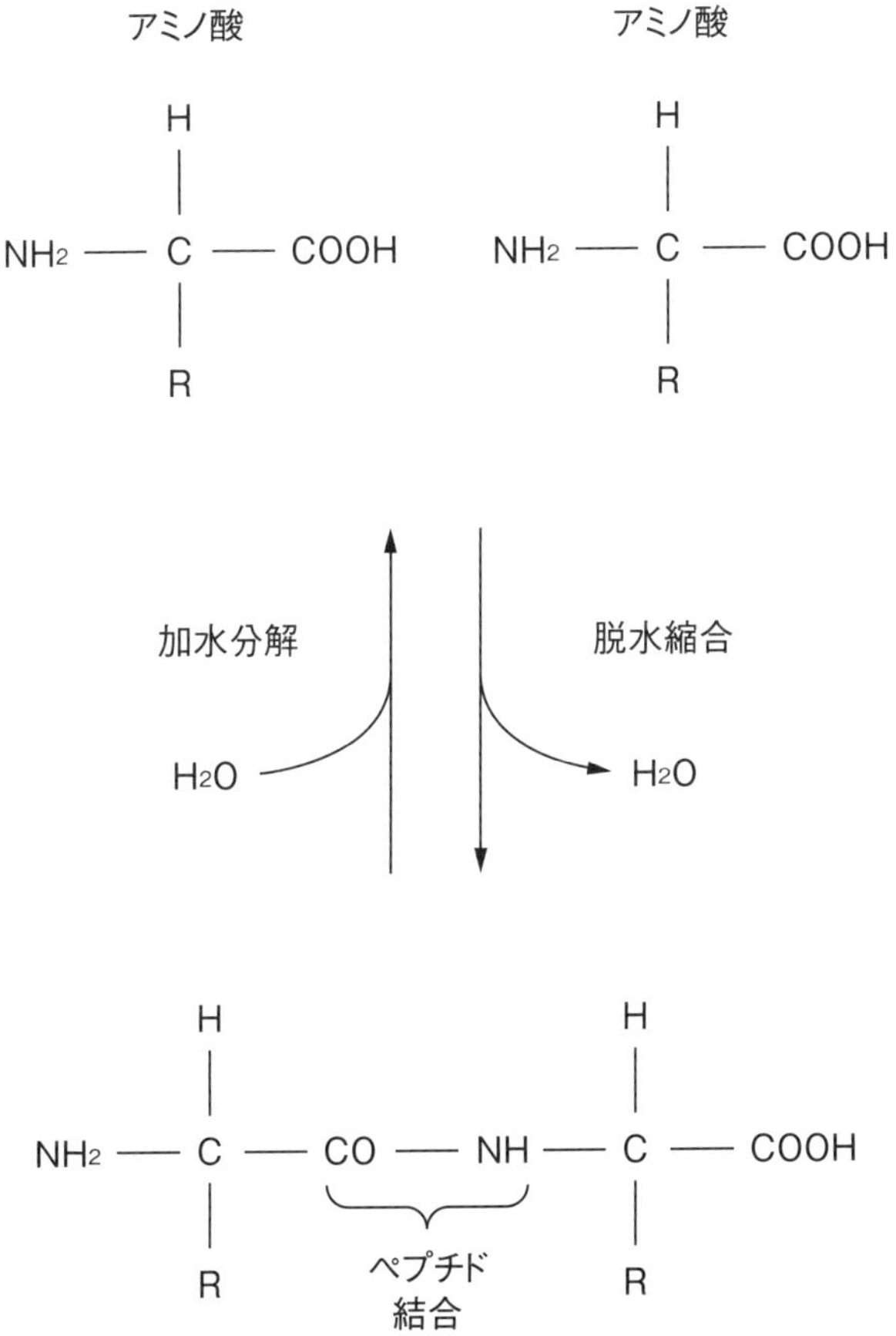

【図8-1】アミノ酸は脱水縮合によってペプチド結合し、タンパク質になる。タンパク質は加水分解してアミノ酸に戻る。

期の生命」でまとめて述べることにしよう。その上で、生命の起源に関する研究全体を振り返ってみることにしたい。

第9章　初期の生命

すべての生物はただ1種の共通祖先から進化してきた

現在の地球には多くの生物がいる。名前がついているものだけでもおよそ200万種と言われ、その半分以上は昆虫である。もちろん未発見の生物もたくさんいるはずなので、どのぐらいの生物種が地球に生息しているのかはわからない。少なくとも1000万種程度はいるだろう。ひょっとしたら1億種以上いるかも知れない。しかし、こんなに数が多くても、地球のすべての生物はただ1種の共通祖先から進化してきたと考えられている。それはなぜだろうか。

じつは生物の体には、素晴らしいところと、どうでもいいところがある。たとえば、空中を自在に飛べる鳥の翼は素晴らしいものだ。しかし、生物の素晴らしいところをいくら眺めていても、共通祖先のことはわからない。すべての生物に共通の祖先がいた証拠は、生物の体の中の、素晴らしくないところを見なくてはいけない。どうでもいいところを見なくてはならない。それではこれから、その、どうでもいいところの話をしよう。

すべての生物は、タンパク質とDNAを持っている。タンパク質はアミノ酸がたくさんつながった構造をしている。タンパク質を作っているアミノ酸にはたくさんの種類がある。しかし、リボソームで作られたばかりのでき立てのタンパク質では、アミノ酸は20種類（まれに21種類。ヒトでも21番目のアミノ酸と言われるセレノシステインを使うことがある）だけである。その後にいろいろな修飾（生化学的な変更の一種）がおこなわれて新しいアミノ酸が作られるので、1つのタンパク質を作っているアミノ酸は20種類より多くなるわけだ。

一方DNAは、ヌクレオチドがたくさんつながった構造をしている。このDNAの構成単位であるヌクレオチドは、糖とリン酸と塩基からできている。そしてDNAを作っているすべてのヌクレオチドで、糖とリン酸の部分は同じである。しかし塩基は4種類ある。アデニン（A）とグアニン（G）とチミン（T）とシトシン（C）だ。DNAでは、この塩基の部分が重要なので、少し変わった数え方をする。たとえばヌクレオチドが5個つながったDNAのことを「5ヌクレオチドのDNA」とはふつう言わないで、「5塩基のDNA」というのである。実際には、塩基が5個つながっているわけではなくて、ヌクレオチドが5個つながっているのだ。塩基はヌクレオチドの一部分に過ぎないのだ。でも、そういう慣習になっているのである。ちなみに、DNAは2本鎖になっていることが多い。ヌクレオチドが10個つながったDNAが2本あって、それらが結合して2本鎖を形成しているときは、「10塩基対のDNA」という。

セントラルドグマ（P77）によれば、DNAの情報がRNAに転写されて、そのRNAの情報をもとにアミノ酸を並べて、タンパク質を合成するわけだ。具体的にはDNAの塩基3つが、タンパク質のアミノ酸1つに対応している。たとえばAGCという3つの塩基は、セリンという1つのアミノ酸に対応している。このような塩基3つとアミノ酸1つの対応の仕方を遺伝暗号という。

この塩基とアミノ酸の対応の仕方は、基本的には何でもよかったと思われる。現在の地球の生物ではAGCという塩基はセリンというアミノ酸に対応しているが、もしもアルギニンというアミノ酸に対応していても、かまわなかったはずである。それなのに、現在の地球のすべての生物は、ほぼ同じ遺伝暗号を使っている。どうでもいいことなのに、同じものを使っている理由はなんだろうか。それは、すべての生物が、たまたまその遺伝暗号を使っていた生物の子孫だからである。これが、現在のすべての地球の生物は、ただ1種の共通祖先から進化してきたことを支持する、最も強い証拠である。

現在の地球上のすべての生物はDNAを遺伝物質として使っている。これもただ1種の共通祖先から進化してきたことの証拠である。でも、弱い証拠だ。なぜならDNAは遺伝物質として、かなり理想的な分子だからだ。もしかしたら遠くの星の生物も、遺伝物質としてDNAを使っているかも知れない。いろいろな分子を試したけれど、やっぱり遺伝物質としてはDNAが最高だったよと言って笑っているかも知れない。素晴らしいものは、別々の場所で独立に採用されることがあるのである。

しかし、遠くの星の生物は、地球と同じ遺伝暗号は使っていないだろう。別に地球で使っている遺伝暗号は、素晴らしくも何ともないからだ。他の遺伝暗号だって、全然かまわない。AGCに対応するアミノ酸は、セリンでもアルギニンでもいいのだ。別々の場所で偶然に、同じ遺伝暗号が採用されることは、まずありえない。したがって、もし2種の生物が同じ遺伝暗号を使っていれば、その2種の生物は、共通の祖先に由来する子孫同士だと考えられるのである。
現在の地球に住んでいるすべての生物は、ただ1種の共通祖先から進化してきた。ではその究極の共通祖先は、どんな生物だったのだろうか。

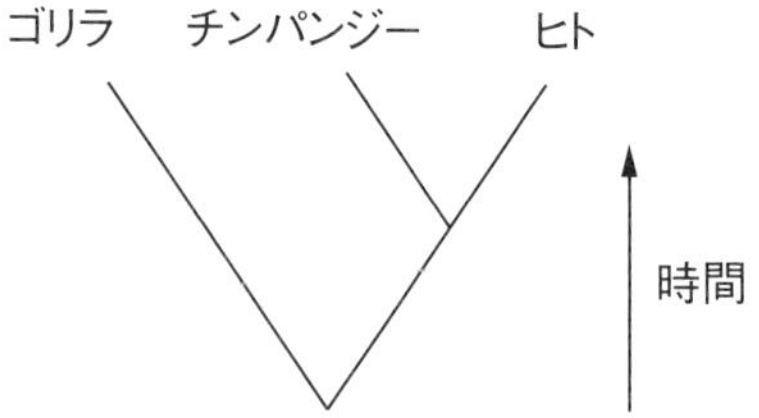

【図9-1】ゴリラとチンパンジーとヒトの系統関係。

共通祖先を推定してみる

しばらくの間、目を転じて、類人猿のことを考えてみよう。ゴリラとチンパンジーとヒトの系統関係は明らかにされている。まず、ゴリラに至る系統と、ヒトやチンパンジーに至る系統が、分岐した。それからしばらくしてヒトに至る系統とチンパンジーに至る系統が分岐したのである【図9-1】。

ゴリラやチンパンジーには豊かな体毛が生えている。ヒトにも体毛が生えていないことはないが、ゴリラやチンパンジーに比べたらずっと少ない。とりあえず、ヒトには体毛がないということにしよう。さて、この3種の最終共通祖先には体毛が生えていたのだろうか。それともヒトのようにツルツルの肌をしていたのだろうか。

「最終共通祖先」とは文字通り、最後の共通祖先のことである。ゴリラに至る系統と、ヒトやチンパンジーに至る系統が、まさに分かれたときの種のことだ。これより後は、ゴリラに至る系統と、ヒトやチンパンジーに至る系統は、別々の道を歩み始めたわけである。

一方、最終共通祖先の祖先はすべて、この3種の共通祖先でもある。この3種とオランウータンが分かれるときの種だって、この3種の共通祖先だ。極端な話、最初の生命だって、この3種の共通祖先だ。つまり「共通祖先」は、「最初の生命」から「最終共通祖先」まで、すごくたくさんいるのである。でも「最終共通祖先」は1種しかいない。ということで、いま体毛が生えていたかどうかを問題にしている共通祖先は、この3種の「最終共通祖先」ということになる。

仮に、最終共通祖先には体毛がなかったとしよう。すると、最終共通祖先から現在のゴリラに進化する途中で、体毛を獲得しなくてはならない。一方、ヒトとチンパンジーが分岐した後で、チンパンジーに至る系統でも体毛を獲得しなくてはならないだろう。したがって少なくとも2回は、進化的な変化が起こらなくてはならない【図9-2①】。

ただし、これ以外の可能性もある。たとえば、ゴリラと分岐した後のヒトやチンパンジーに至る系統で、ヒトとチンパンジーが分岐する前に体毛を獲得した場合である。この場合は、その後のヒトに至る系統でまた体毛を失わなくてはならないし、それとは別に、ゴリラに至る系統では体毛を獲得しなくてはならない。したがって、この場合は進化的変化が3回起こらなくてはならない。これ以外にも無限の可能性が考えられる。進化的変化が100回の場合だって、1000回の場合だって考えることができるだろう。それはそうなのだが、なるべく少ない進化的変化で説明しようとすれば、それは2回ということになる。

では次に、この3種の最終共通祖先には体毛があったとしよう。その場合は、たとえばヒトと

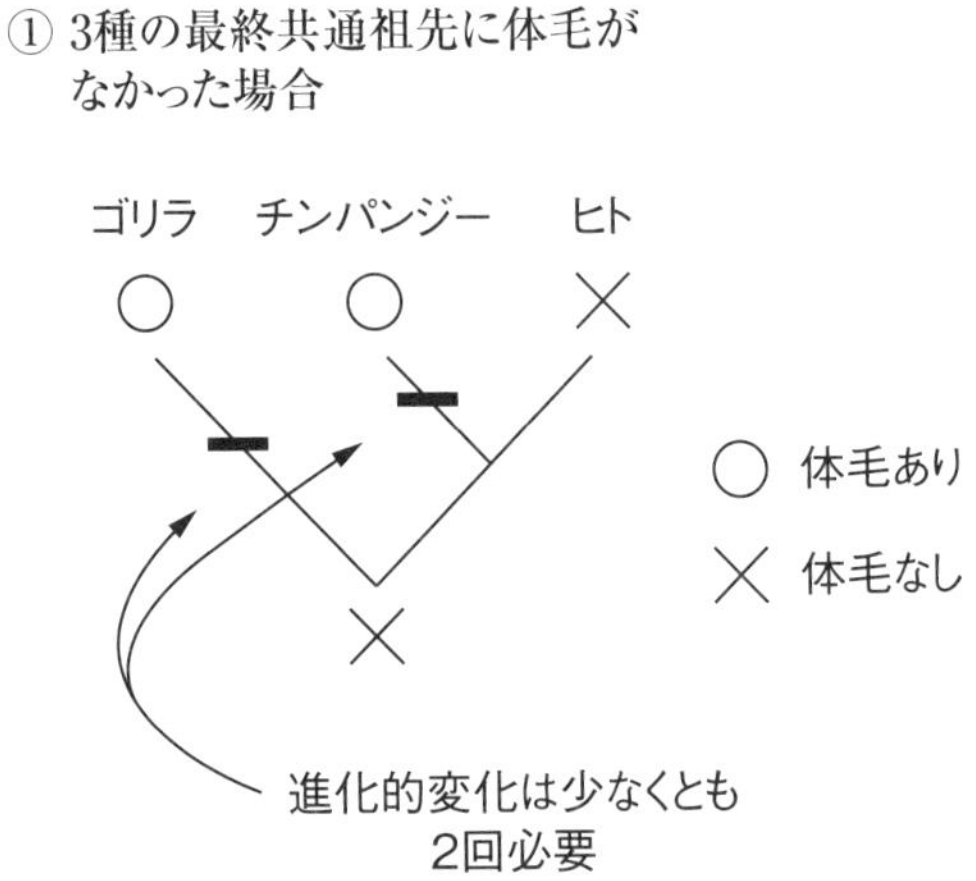

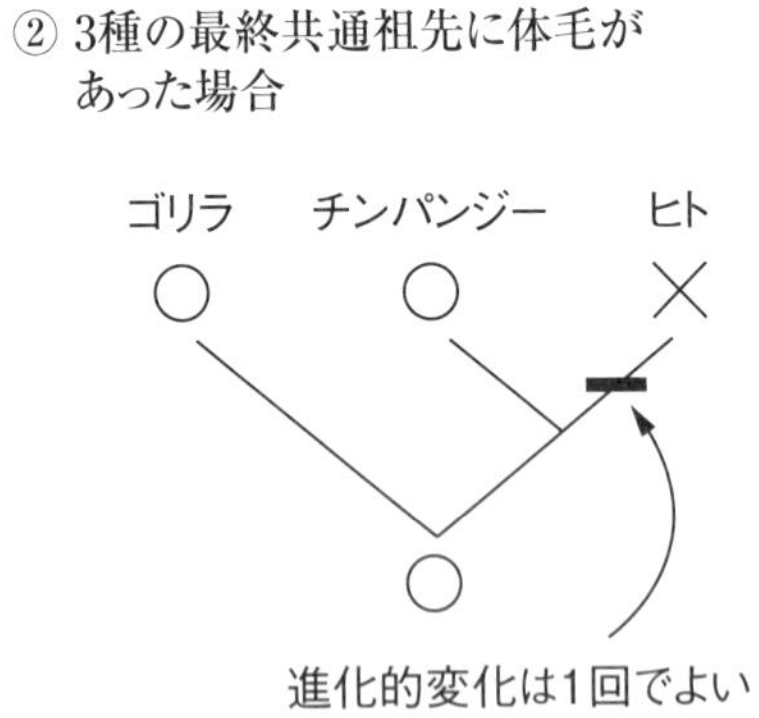

【図９－２】３種の最終共通祖先に体毛がなかった場合とあった場合の進化的変化の最小の回数。

チンパンジーが分岐した後で、ヒトに至る系統で体毛を失えばよい。進化的変化はたった1回ですむことになる【図9-2②】。

もちろん最終共通祖先に体毛があった場合にも、さまざまな進化仮説が考えられる。進化的変化が100回の場合だって、1000回の場合だって考えることができるのは、さっきと同じである。

最終共通祖先に体毛がなかった場合に考えられる仮説は、進化的変化が2回の仮説から無限回の仮説まで、無限個ある。体毛があった場合は、進化的変化が1回の仮説から無限回の仮説まで、やはり無限個ある。しかし科学では、複数の仮説がある場合、通常は一番単純な仮説を選択する。「その仮説が正しいとは限らないけれども、明らかに間違っていると反証されるまでは、とりあえずその仮説を正しいと考えておこう」というわけだ。これが科学のルールである。そして紆余曲折はあったものの、長い目で見れば、科学はこのルールで成功してきたのである。

ということで、類人猿の進化仮説の中で一番単純な仮説を選ぶとすれば、それは進化的変化が1回の仮説だろう。それは最終共通祖先には体毛があるという仮説であった。

ルカ――すべての生物の最終共通祖先

現在の地球のすべての生物は、ただ1種の最終共通祖先から進化してきたものである。この全生物の最終共通祖先のことをルカ（LUCA: Last Universal Common Ancestor の略）という。たまに勘違いをしている人がいるが、ルカは最初の生物というわけではない。おそらくルカが生きていたのは、最初の生物が生まれてから何億年もあとの時代であろう。当然、ルカがいた時代にも、ルカ以外にたくさんの細菌（バクテリア）がいたに違いない。だが、ルカ以外の細菌は、すべて子孫を残すことなく絶滅してしまった。現在まで子孫を残しているのは、ルカだけなのだ。

地球のすべての生物はＤＮＡを持っている。これはルカがＤＮＡを持っていたからである。このＤＮＡの塩基配列を比較することによって、ルカがどんな生物だったかを推定することができる。基本的な考え方は、ゴリラやチンパンジーやヒトの場合と同じである。もちろんデータも方法もずっと複雑になるが、とにかくルカを推定することができるのだ。

その結果、ルカは細菌で、リボソームＲＮＡの遺伝子や、タンパク質を合成するときに働く伸長因子の遺伝子などを、すでに持っていたと推測された。しかし、これらを聞いても驚く研究者はいなかっただろう。予想の範囲内のことだったからだ。しかし、意外な結果も得られたのである。

摂氏１００℃でも死なない生物

私たちの体温は摂氏37℃前後だが、周囲がそれよりも低い温度でないと長時間生きていくことはできない。だが自然界には、もっと高い温度が好きな生物もいる。好熱菌だ。生育至適温度が45℃以上の微生物を好熱菌と言い、その中でも生育至適温度が80℃以上のものを超好熱菌と呼ぶ。超好熱菌の中には１２２℃でも生きていけるものさえいる。

好熱菌は、高い温度を我慢して生きているわけではない。高い温度が好きなのだ。一方、生育至適温度は45℃以下だが、45℃以上でも何とか生きていける微生物もいる。これは高温耐性菌として、好熱菌とは区別するのが普通である。

現在の地球の生物は、大きく3つのグループに分けられる。ひとつは細胞の中に核という構造がある真核生物だ。動物や植物は真核生物に含まれる。2つ目は真正細菌である。これは細胞の中に核を持たない。大腸菌やラン藻など、ほとんどの細菌はこのグループに入る。3つ目は1977年にカール・ウースらによって発見された古細菌である。これも細胞の中に核を持たないが、細胞膜の成分やタンパク質の合成の仕方が真正細菌とは異なることで区別される。そして多くの好熱菌は、この古細菌に属することが知られている。

好熱菌は稀な細菌である。現在では、温泉などの限られた環境にしか生息していない。ところがルカは、好熱菌であったと推定されたのだ。ちょっと意外な感じもするが、これは化石や地層の研究とも矛盾しないのだ。

生命は遅くとも38億年前には誕生していた

岩石は頑丈なものではあるが、さすがに太古の地球で形成された岩石のほとんどは、風化作用などで消失してしまっている。しかし中には30億年以上も昔の岩石が残っている場所が、何カ所かある。極寒の地であるグリーンランドのイスアも、そんな場所の1つだ。そのイスアの岩石から、コペンハーゲン大学のロージングが、生命の最古の証拠を見つけたと報告したのは1999年であった。およそ38億年前の変成岩から、軽い炭素同位体比が測定されたのである。

自然界には、質量数が12の炭素が多い。陽子が6個、中性子も6個でできた原子核をもつ炭素で、「炭素12」という。これがすべての炭素のだいたい99％を占めている。一方、陽子は6個だが、中性子が1つ多くて7個の炭素もある。こちらは「炭素13」と言い、これが残りの1％である（これ以外にも炭素の同位体は存在するが、量が少ないので、ここでは無視する）。生物はこの2つの炭素のうち、軽い炭素を優先的に取り込むことが知られている。生物の体を作っている炭素は、周りの環境よりもさらに「炭素12」が多いのだ。

この理由ははっきりとはわかっていない。厳密にいえば、すべての化学反応は、軽い同位体（P29）を優先的に使うようだ。ニュートンの運動方程式によれば、同じ力で押された場合、軽い物の方が速く動くので、軽い同位体の方を使った化学反応の方が速く進むらしい。細胞の中は化学反応だらけなので、細胞外の環境よりも、軽い同位体がたくさん溜まるのかも知れない。

ともあれ、生物の体が軽い同位体比の炭素でできていることは、実証された事実である。そこで、イスアにある黒色頁岩《こくしょくけつがん》に由来する変成岩の炭素同位体比が軽かったことから、38億年前にすでに生命が存在していたと考えられたわけだ。さらにイスアではリン酸塩も見つかっている。通常これは細胞内で作られる化合物なので、38億年前に生命がいた証拠に「リン酸塩の存在」を加える研究者もいる。

また、イスアの変成岩が堆積した環境は、深海の熱水噴出孔付近だったという意見もある。チャートという通常は陸から離れた深海でできる岩石があることや、溶岩が海水中で固まった枕状溶岩という構造が見られることなどが、その理由である。そうであれば、38億年前にここに棲んでいた生物は、高温が好きな好熱菌である可能性が高い。ルカの結果と一致するわけだ。

ただ、軽い同位体比は、生物が関与していなくても生じることがある。また、イスアの変成岩が堆積した環境については、浅い海だったという異論もある。そこで視点を変えて、オーストラリアの34億年前の地層を見てみることにしよう。こちらの方がもう少し確実なことが言えそうだ。

みそ汁の中のアサリも化石である

化石というと硬い石のようなものを想像するかも知れないが、ミイラや氷漬けのマンモスも化石である。いや実は、生物は死んだ瞬間から、化石と呼んでいいのである。「みそ汁の中に入っているアサリも化石である」と、私は大学で教わった。もちろん、研究に使う化石は、何万年も何億年も前の化石が大部分だけれど。

化石の中でも、生物の遺骸のことを体化石という。恐竜の骨の化石は、典型的な体化石だ。ミイラや氷漬けのマンモスも体化石である。また、体が残っていなくても、生物が活動した跡が残っていれば、それも化石である。これは生痕化石《せいこんかせき》といって、足跡や巣穴などが代表的なものだ。さらに、化石から抽出されたDNAのように、生物に由来する分子や原子も化石であり、これらは化学化石と呼ばれる。先ほど述べた「軽い同位体比」も、化学化石ということになる。

イスアの38億年前の地層からは、化学化石が発見されたわけだ。だが、オーストラリアのピルバラ地域では、化学化石に加えて、最古の体化石も発見されている。34億年前の細菌の化石が発見されたのだ。これは球状の細菌の化石で、生物の形が残っている体化石としては最古のものである。硫酸還元菌の化石である可能性が高いが、その根拠は硫黄の同位体比である。この地域の黄鉄鉱に含まれる硫黄の同位体比が軽かったのだ。炭素と同様に、これも生命活動の証拠と考えられるのである。

このピルバラの地層も、深海の熱水噴出孔付近で堆積した地層と考えられる。遠洋性堆積物であるチャートも見られるし、断層に沿って上昇してきた熱水から析出したと考えられる石英脈も観察される。おそらくここに生息していた生物は、深海の熱水噴出孔付近に生息していた好熱菌だったのだろう。

深海なので太陽の光は届かない。だから光合成はできない。したがって、そこで生きていくためには、化学物質からエネルギーを取り出す化学合成をするしかない。硫酸還元菌は化学合成細菌なので、化学物質が噴き出している熱水噴出孔付近にいるのは理にかなっているのだ。

ところで、かつて同じピルバラ地域から、35億年前のラン藻の化石が報告されたことがあった。たしかに化石の形は、現在のラン藻に似ていた。しかし細菌というものは、形が単純で特徴が少ないので、似ているとか似ていないとか言っても、形だけではあまり説得力がない。それにラン藻は光合成をする細菌なので、光が届かない深海で堆積した地層から産出するのはおかしい。さらに生物とは関係なく無機的に、炭酸塩などからラン藻のような形ができるという報告もある。これらの主張に対して、化石の報告者であるカリフォルニア大学のジェイムズ・ウィリアム・ショップらは反論しており、まだ決着はついていない。もしショップらが正しければ、こちらが最古の体化石ということになるのだが、私の個人的な感想では、ショップらの旗色が悪そうだ。そこでここでは、34億年前の硫酸還元菌と思われる化石の方を、最古の体化石としておこう。

深海にも色々な生物が生きている

初期の生命は深海に生息していた。そう言われても少し前だったら、信じる気にはならなかったかも知れない。深海には太陽の光が届かないから、光合成はできない。今でこそ、海面近くに住んでいる生物の遺骸や排泄物であるマリンスノーが深海まで降ってくるが、初期の生命にはそれも期待できない。じゃあ、どうやって生きていけばいいのだ？　エネルギー源が、つまり食べるものが、何もないではないか。

1977年にアメリカの潜水艇「アルビン号」が、ガラパゴス諸島沖の深海で、豊かな生物群集を発見した。その近くの海底からは、黒煙のような熱水が噴き出していた。色が黒いのは金属硫化物などを含んでいるからで、このような熱水噴出孔はブラックスモーカーと呼ばれる。このブラックスモーカーの周辺に、シロウリガイやシンカイヒバリガイなどの二枚貝やチューブワームが群生していたのだ。これらは動物なので、自分でエネルギーを取り込んで有機物を作ることはできない。他の生物から有機物を取り込んでいるはずだ。調査の結果、これらの豊かな生物群集を支えているのは、熱水中の化学物質からエネルギーを取り出すことのできる化学合成細菌であることが明らかになった。

現在の深海の熱水噴出孔付近では、多くの生物が生息している。そうであれば、初期の生命が、深海の熱水噴出孔の近くで生きていたとしても不思議ではないだろう。ただ、現在のブラックスモーカー付近で生きている生物の中には、代謝に酸素を使っているものがいる。この酸素は元はといえば、光合成で作られたものである。したがってこのような生物は、間接的には太陽光の恩恵を受けているわけだ。これでは初期の生命のモデルにはならない。初期の生命は、おそらく深海だけに生息していて、まだ光合成をするような生物は誕生していなかったと考えられるからだ。

実は、熱水噴出孔にも色々なタイプがある。最近ではブラックスモーカーよりも、ロストシティーと呼ばれる比較的おだやかな熱水噴出孔が、初期の生命が生きていた環境に近いのではないかと考えられている。ここではまったく酸素を使わない、つまり太陽光に依存しない生態系が成立しているからだ。

以上のように、化石の証拠や深海の調査の結果も、ルカが好熱菌であったことと矛盾しないようだ。ルカは深海の熱水噴出孔付近に住んでいて、化学合成をする好熱菌であった可能性が高いのである。だが、最後に一つだけ大きな問題が残っている。それは遺伝子の水平伝達だ。

子孫から祖先を推定するのは難しい

私の遺伝子は、両親から受け継いだものである。両親の遺伝子は、祖父母から受け継いだものである。このように世代を通じて遺伝子が伝わることを垂直伝達という。だが遺伝子は、必ずしも垂直伝達で伝わるとは限らない。まったく別の生物やウイルスから、いきなり遺伝子が入ってくることもあるのだ。このような垂直伝達以外の遺伝子の受け渡しを水平伝達（あるいは水平遺伝子移行）という。遺伝子の本体はＤＮＡであるが、私たちヒトのＤＮＡの数％は、ウイルスによって運び込まれたものだと言われている。水平伝達はそう珍しいことではないのである。特に細菌では、遺伝子の水平伝達が比較的よく起きる。したがって、ルカを推定するときには、この遺伝子の水平伝達が大きな問題になってくる。場合によっては、別々の種だった細菌が、共生などの形で融合することもあるらしい。すると、その細菌のすべての遺伝子が水平伝達されてしまう。2種が1種に融合してしまうのだ。

ソバ屋をしている父親がいたとしよう。その父親には4人の子供がいた。一郎と二郎と三郎と四郎だ。父親はすべての子供にのれん分けをして、4軒の新しいソバ屋を作らせた。安心した父親は隠居して、さっさと店を閉めてしまった。さて、末っ子の四郎は新し物好きな性格で、研究の末、ウドンというものを発明した。そのせいで、四郎の店は大繁盛をすることになる。そうこうする内に、他の3人の店は、経営が苦しくなってきた。そして一郎の店はあっけなくつぶれてしまう。二郎は四郎に頼んで、ウドンの作り方を教えてもらった。そしてメニューにウドンを追加したせいか、何とか店を続けていくことができた。いっぽう三郎は、四郎に別のことを頼み込んだ。店を合併してもらうことにしたのだ。新しく合併した店「三四郎」は、メニューにソバとウドンの両方があるために、相変わらず繁盛を続けたという。

ソバ屋「一郎」「二郎」「三郎」「四郎」の最終共通祖先は、つまりルカは、父親のソバ屋である。そして、現在のこっているソバ屋は、「二郎」と「三四郎」の2軒だけだ。「二郎」は「四郎」からウドンを水平伝達されたので、メニューにはソバとウドンの両方がある。「三四郎」は「三郎」と「四郎」が合体したので、やはりメニューにはソバとウドンの両方がある。この、ソバとウドンが両方ある2軒の子孫から、ルカである父親の店を推定したらどうなるか。当然、父親の店のメニューには、ソバとウドンの両方があったと推定してしまうだろう。だが実際には、父親のソバ屋のメニューには、ソバしかなかった。遺伝子の水平伝達が起きたり、2つの種が融合したりすると、ルカの推定は正確にできなくなってしまうのだ。

どんなに水平伝達がたくさん起きようと、どんなに種と種が融合しようと、ルカはただ1種存在する。それは変わらない。しかし、現在の情報からルカを推定することはむずかしくなる。それは遺伝子（ソバやウドンという食べ物）の系統樹と種（ソバ屋という店）の系統樹がずれてしまうからである。

さて、ルカは好熱菌だったのだろうか。本当のところは、よくわからない。しかし、少なくとも化石の証拠からは、三十数億年前の生物は、深海の熱水噴出孔の近くに住んでいたらしい。ルカが好熱菌であったという推定は、化石とも調和的であり、それを否定する強い根拠は今のところない。とりあえず、ルカは好熱菌と考えておくしかないであろう。

第10章　光合成

生命が生まれても光合成は10億年以上進化しなかった

生命の最古の証拠が約38億年前の化学化石なので、生命の誕生はそれよりも前ということになる。はっきりとはわからないが、だいたい40億年前といったところだろうか。しかし生命が誕生しても、ほとんど地球には変化がなかった。10億年以上もの間、生物はあまり地球に広がらなかったのである。それは、なぜだろう。

今の私たち（ヒト）は、肉や野菜などを食べて生きている。しかし肉も、というかウシやブタなども、植物を食べて生きている。つまり、植物がなければ、私たちは肉を食べることもできないわけだ。結局私たちは、植物のおかげで生きているわけである。

では、植物はどうやって生きているかというと、光合成という仕組みを使って、太陽光のエネルギーを利用して生きている。つまり、太陽光のエネルギーが、まず植物の中に蓄えられる。その植物を食べることによって、動物はエネルギーを手に入れる。そのエネルギーを使って、動物は歩いたり泳いだりしているわけだ。ということは結局私たちも、太陽光のエネルギーを利用して生きているわけである。

いや、私たちだけではない。地球のほとんどの生物は、太陽光をエネルギーにして生きている。100%とは言わないが、限りなく100%に近い生物が、太陽光のエネルギーによって生きているのだ。前に述べたが、ブラックスモーカーという深海の熱水噴出孔付近にいる生物でさえ、体内の化学反応の酸化剤として酸素を使っているので、究極的には太陽光のエネルギーにも依存しているわけだ。まったく太陽光のエネルギーに依存していない生物は、ロストシティーという熱水噴出孔付近にいる生物など、本当に少ししかいないだろう。

しかし、生命が誕生してから10億年以上の間は、まだ光合成は〝発明〟されていなかった。地球の生物は、まだ太陽光のエネルギーを利用することができなかったのだ。生きていたのは化学合成をする細菌と、その細菌に頼って生きている細菌だけだった。もしも今の地球で考えれば、太陽光のエネルギーに依存する生物が全部いなかったことになる。つまり、ほぼすべての生物がいなかったことになるのだ。生命がいるとはいっても、地球はさびしい世界だったことだろう。もし宇宙人がこの時代の地球を訪れても、生命がいることにすら気がつかなかったかも知れない。何千メートルもの深海や地下に、ほんの少し細菌がいただけだろうから。

でも、どうして10億年以上もの長い間、光合成は進化しなかったのだろう。初期の地球大気には、二酸化炭素がたくさんあったのに。おそらく現在の数千から数万倍ぐらいはあったろう。植物なら大喜びしそうな環境だ。植物は光合成をするときに、二酸化炭素を使うからである。しかし、なかなかそういう生物は現れなかった。光合成をおこなうラン藻が出現し、一気に分布を広げ始めたのは、やっと27億年前頃であった。その頃には、もう二酸化炭素はだいぶ減っていて、おそらく現在の100倍ぐらいになっていた。では、なぜこの時期まで、光合成をする生物が進化しなかったのだろうか。

金星や火星には磁場がない

地球には磁場というものが存在する。コンパスを使って方角を知ることができるのは、地球に磁場があるからだ。だが、磁場があるのは、そう当たり前のことではない。たとえば、お隣りの惑星である金星や火星には磁場が存在しない。では、どうして地球には磁場があるのだろうか。

磁場が形成されるメカニズムは、完全には解明されていないが、大まかなことは分かっている。地球の中心部にある核は、鉄やニッケルなどの金属でできており、外核と内核に分けられる。内核は固体だが、外核は液体になっている。この外核にある液体の金属が動くことによって、電流が流れる。その電流が電磁石となって磁場を発生させ、地磁気として観測されるようだ。このような磁場の形成メカニズムを「ダイナモ作用」という。液体の金属が動く理由としては、地球の自転が有力視されていたが、外核自体の熱による対流の方が重要らしい。

この地磁気の歴史は、岩石に記録されている。永久磁石などの強磁性体は、温度が高くなると自発磁化を失う。この温度をキュリー温度といい、たとえば鉄では770℃である。したがって、高温のマントルや溶岩は自発磁化を持っていない。火山の噴火などで地表に出た溶岩が冷えて固まるときに、その中の強磁性体が地磁気によって磁化されるのだ。その時に強磁性体は、地磁気の強さや向きを反映して磁化される。したがって岩石の形成年代とその残留磁化を調べれば、当時の地磁気を再現することができるのである。

この残留磁気のデータによれば、地球の磁場が強くなったのは、およそ27億年前のことらしい。それ以前にも弱い磁場はあったようだが、その強さは現在の4分の1ぐらいだったという研究者もいる。それが27億年前に、現在のレベルまで磁場が強くなったのだ。この磁場のせいで、地球の環境に大きな変化が起こった。太陽風がカットされるようになったのである。

太陽風とは、太陽の大気が宇宙空間に放出されたもので、電気を帯びた高エネルギーの粒子である。これは生物にとっては有害な放射線だ。地表が太陽風にさらされている間は、生物が地表や浅い海に進出することは難しかったと考えられる。しかし、地球に磁場が形成されたことによって、太陽風が地球に当たらなくなったのだ。

フレミングの左手の法則というものがある。左手の中指と人差し指と親指を立てて、お互いに直角の関係にする。中指を電流、人差し指を磁場とすれば、親指が電流にかかる力になるという法則だ。つまり磁場の中を、電気を帯びた物体が動けば、横向きに力を受けて進路が曲げられてしまうのである。実際には、地球磁場の形は複雑なので、太陽風の動きもそう単純ではない。しかしともかく、磁場ができたことによって太陽風の進路が曲げられ、地球を直撃しなくなったのだ。

磁場が形成され、太陽風から地球が保護されるようになって、生物は深海から浅海《せんかい》に進出できるようになった。生物が、初めて太陽の光を浴びるようになったのだ。ようやく光合成が進化できる準備が整ったわけである。

ただ、磁場の形成と生物の浅海進出の関係はそれほど単純ではないかもしれない。磁場に関しては、答えられない問題が残っていることも、公平のために述べておこう。じつは地球の磁場のN極とS極はしばしば逆転する。最近では78万年前に、磁場が逆転したことが知られている。この逆転にはだいたい1000年ぐらいかかるらしい。その間は太陽風が地表に届いてしまうので、多くの生物が絶滅するはずだ。だが、磁場の逆転にともなって生物が絶滅した証拠は、今のところ見つかっていないのである。ちなみに地磁気の逆転現象を第2次世界大戦より前に主張していた研究者の1人が、日本の松山基範《まつやまもとのり》である。彼は1929年にその説を報告したが、当時はほぼ無視されたようだ。しかし第2次世界大戦が終わり、過去の地磁気の測定が広く行われるようになって、松山が正しかったことが認められるようになったのである。

もちろん、地磁気の逆転による生物絶滅の証拠がないことの言い訳はいくらでも思いつく。たとえば、「逆転に1000年かかるといっても、磁場がまったくない期間はそのなかの一部で、かなり短いのだ」とか、「生物の絶滅は起きているのだが、規模が小さいので化石では検出できないのだ」とか。もしかしたら、その通りなのかも知れない。しかし、それを示す証拠もない。この問題の解決は、将来の研究に期待することにしよう。

最初の光合成は酸素を出さなかった

紅色非硫黄細菌という細菌が、ビン詰めになって売られている。1リットルで1000円ぐらいだ。これは農業や園芸用として売られているもので、これを土壌に撒くと植物の生長がよくなるのだ。これは酸素を発生しない光合成をする細菌である。光合成というと、植物が行っているような酸素を放出するタイプの光合成が有名であるが、酸素を放出しない光合成もあるのだ。そして最初に光合成をした生物は、このような酸素非発生型の光合成細菌だったと考えられる。もちろん、それには根拠がある。

酸素発生型の光合成をした最初の生物はラン藻である。緑藻や紅藻などの普通の藻類は真核生物であって、細菌（原核生物）ではない。しかしラン藻だけは「藻」と名前についているが真正細菌の仲間で、シアノバクテリアと呼ばれることもある。ラン藻は、光合成をする仕組みを2つ持っている。700ナノメートル（1ナノメートル＝1メートルの10億分の1）の波長の光を吸収する光化学系Ⅰと、680ナノメートル以下の波長の光を吸収する光化学系Ⅱだ。だが、酸素非発生型の光合成細菌は、これらのうちの片方しか持っていない。

酸素非発生型の光合成細菌のうち、緑色硫黄細菌とヘリオバクテリアは、光化学系Ⅰに似た仕組みを持っている。一方、紅色硫黄細菌と紅色非硫黄細菌と滑走性糸状緑色細菌は、光化学系Ⅱに似た仕組みを持っている。以上の酸素非発生型の光合成細菌はすべて真正細菌だが、古細菌のハロバクテリウムも酸素非発生型の光合成をする。このハロバクテリウムの光合成の仕組みは、光化学系ⅠやⅡとはまた別の、もっと単純な仕組みである。

光化学系ⅠやⅡというのは、光のエネルギーを使って電子などを高いエネルギー状態に上げる装置である。その高くなったエネルギーを使って、有機物を作るのだ。だが、その上げる高さがⅠとⅡでは少しずれている。たとえばⅠは、ボールを1階から2階に上げる装置だとしよう。Ⅱ

はボールを2階から3階に上げる装置だ。酸素非発生型の光合成細菌は、IかIIのどちらかしか持っていない。だから、ボールを1階分しか上げることができない。しかしラン藻はIもIIも持っている。つまり、ボールを1階から3階まで、2階分も上げることができる。同じ光合成でも、ラン藻の方が酸素非発生型の光合成細菌よりも、高いエネルギーを生み出すことができるのだ。

ラン藻がどうやって進化したのかは、実はよく分からない。光化学系Iをもつ細菌と光化学系IIを持つ細菌が、細胞融合したのかも知れない。あるいは片方の遺伝子がウイルスなどによって、もう一方に水平伝達されたのかも知れない。どちらにせよ、酸素非発生型の光合成細菌よりもラン藻の方が、後から進化したことは確かである。そしてラン藻は、効率のよい光合成を武器に、昔からいた酸素非発生型の光合成細菌を押しのけて、生息範囲を広げていったのである。

最初に酸素を作ったもの

西オーストラリアのシャーク湾には、ストロマトライトという縞模様のついた丸い岩石がある【図10-1】。これはラン藻が作った構造物で、ラン藻の死骸とシリカなどの堆積物が互層になって、縞模様に見えるのである。現在では限られた地域にしかストロマトライトは見られないが、20億年ぐらい前には世界中の浅瀬にストロマトライトが乱立していたと考えられている。最も古いストロマトライトとしては、およそ27億年前のものが知られている。

そこで一応、こう考えられる。地球に磁場が形成され、生物が浅瀬に進出できるようになった。最初に酸素非発生型の光合成細菌が現れ、その後ラン藻が進化してストロマトライトを作り始め

【図10-1】西オーストラリアのシャーク湾にあるストロマトライト。ラン藻が作る構造物でかつては世界中の浅瀬にあった。©Paul Harrison

た。これらの一連の出来事が起きたのが、だいたい27億年前頃だったのだ。

ところが、細菌が作ったバクテリアマット（バクテリアが増殖して海底などにマット状に広がったもの）と思われる黒い層が、30億年ぐらい前の浅瀬だった地層から見つかることがある。炭素同位体比の分析結果によれば、その中のいくつかは生物起源らしい。

もしかしたら生物が浅い海に進出したり、酸素非発生型の光合成細菌が出現したりしたのは、27億年前よりも古く、30億年前頃までさかのぼるのかも知れない。その頃の磁場は弱かったかも知れないが、まったくなかったわけではないだろう。ある程度は太陽風をカットしてくれた可能性もある。ともあれ、遅くとも約27億年前にはラン藻が出現し、酸素を大気中に放出し始めたのである。

酸素によるホロコーストが起きた

ラン藻が酸素発生型の光合成を始める前の地球には、酸素がなかった。それは黄鉄鉱や二酸化ウランのような、酸化分解されやすい鉱床が、陸上で堆積していたことから明らかである。河川で運ばれたことにより丸くなり、粒子サイズがそろった黄鉄鉱や二酸化ウランの鉱床が、およそ24億5000万年前までは形成されていたのだ。ある見積もりでは、当時の大気中の酸素濃度は、現在の10万分の1以下であったという。まあ、ほぼゼロと考えてよいだろう。

また硫黄の同位体比は、紫外線の影響によって変化することが知られている。事実、およそ24億5000万年前より古い岩石では硫黄の同位体比はさまざまな値を取る。ところが約21億年前より新しい岩石では、硫黄の同位体比はほぼ一定になるのである。これはこの時期に、紫外線がほとんど地表に到達しなくなったからだと考えられる。その原因として最も可能性が高いのが、紫外線を吸収してくれるオゾン層だ。オゾン層については後で詳しく述べるが（P181）、このオゾン層は大気中の酸素濃度が上昇すると形成されるのだ。つまり、こう考えられる。昔は大気中に酸素がなかったので、オゾン層が形成されなかった。したがって紫外線が地表まで届き、その影響を受けて、硫黄の同位体比が一定にならなかったのだ。これも昔は地球上に酸素がなかった証拠と言ってよいだろう。

しかし、ラン藻が酸素発生型光合成を開始したことで、地球上の酸素濃度は上昇し始めた。おそらく22億年前あたりで酸素濃度は急上昇し、現在の1％程度になったと考えられている。今まで酸素のない世界に住んでいた生物にとって、これは危険な量である。酸素はその強力な酸化力のせいで、生物にとっては猛毒なのだ。

水のほとんどは水分子になっているが、一部は電離して水素イオンと水酸化物イオン（OH^-）になっている。この水酸化物イオンから電子を1つ取ったものが、ヒドロキシラジカルだ。化学式はOHだが、しばしば・OHと表記する。いわゆる活性酸素の中でも、最強の酸化剤である。水酸化物イオンの中の電子は、みんな対になっている。だが、そこから電子を1つ奪われたヒドロキシラジカルの中には、独りぼっちの電子、つまり不対電子がある。そのためヒドロキシラジカルは、近くの分子と激しく反応して、電子を無理やり奪うのである。酸素は、こんな強盗のような活性酸素を、細胞内に作ってしまうのだ。

では私たちは、どうして酸素があっても平気なのだろう。それは、カタラーゼのような抗酸化酵素を持っているからだ。もしも体の中で活性酸素が発生しても、抗酸化酵素がすぐに除去してくれる。だが、これにも限界がある。酸素が今の10倍になったら、さすがに私たちも生きていくことができない。活性酸素を処理しきれずに、酸素中毒になってしまうだろう。

今まで酸素のない世界で生きてきた22億年前の生物にとっては、現在の1％レベルの酸素でも、致死的な量だったに違いない。ラン藻による酸素汚染のために、この時期に起きたと思われる大量絶滅を、「酸素ホロコースト」という。

ところで、ラン藻自身は大丈夫なのだろうか。いくら自分で捨てたものとはいえ、毒は毒だろう。いや自分で捨てたからこそ、自分に近いほど濃度が高くなるはずだ。ラン藻は他の誰よりも、高い濃度の酸素に囲まれていたはずなのだ。一番被害を受けたのはラン藻自身ではなかったのだろうか。

酸素呼吸のはじまり

実はラン藻は、酸素への防御システムを持っている。それどころか、酸素呼吸さえできる。ラン藻が持っているシトクロムオキシダーゼは酸素呼吸における重要な酵素だが、同時に強力な抗酸化酵素でもある。酸素があってもラン藻は平気なのだ。

現在ではさまざまな生物が、酸素呼吸を行っている。私たちが属する真核生物はもちろん、ラン藻類以外の真正細菌の中にも、また古細菌の中にも、酸素呼吸をしているものはたくさんいる。しかもその仕組みや遺伝子には共通性があるので、別々に進化したとは考えにくい。おそらく酸素呼吸の起源は1つだろう。ということは、全生物の最終共通祖先であるルカが、すでに酸素呼吸をおこなっていた可能性が高いのだ。酸素発生型の光合成よりも、酸素呼吸の方が古いことになる。だが、本当にそんなことがあるのだろうか。なぜなら、酸素発生型の光合成が始まるまでは、大気中に酸素はなかったのだ。酸素がなければ、酸素呼吸などできるはずがないのだ。

1つの可能性としては、遺伝子の水平伝達が挙げられる。酸素呼吸は、酸素発生型光合成の出現より後かあるいは同じ頃に、ある生物で進化した。それが遺伝子の水平伝達によって、真正細菌、古細菌そして真核生物へと広がっていったというわけだ。確かにそうかも知れない。だが今のところ、この説を支持する証拠はないようだ。

もう1つは、地球の全生物の最終共通祖先であるルカのいた時代から、すでに活性酸素が生物にとって問題になっていたという可能性だ。ルカがいた頃には、大気中に酸素がなく、したがって紫外線を吸収してくれるオゾン層もなかった。したがって、今よりはるかに強い紫外線が、地球の海に降り注いでいたはずである。

水に紫外線が当たると、ヒドロキシラジカルが生じる。ヒドロキシラジカルは寿命が短いので、海水中に蓄積することはない。しかし海面では強力な紫外線によってヒドロキシラジカルが作られ続けるので、浅い海には常に一定量のヒドロキシラジカルが存在していたかも知れない。もしそうなら、生物は浅い海に住むためには、シトクロムオキシダーゼのような抗酸化酵素を進化させなくてはならない。これが酸素呼吸の起源であった可能性はあるだろう。

巨大な鉄鉱床が作られた

地球には大量の鉄が存在する。なにしろ重量で測った場合、地球に一番多い元素は鉄なのだ。そのほとんどは地球の中心にある外核や内核に沈んでいるが、地球表層の地殻にもかなりの量の鉄が存在する。そこから鉄が溶け出して、海中にも二価の鉄イオンが、かつては大量に存在していた。鉄イオンには二価と三価のものがあるが、水に溶けやすいのは二価の鉄イオンである。だが、そのうちにラン藻の光合成が始まり、酸素が海水中に放出され始めた。酸素は鉄イオンから電子を奪い、二価の鉄イオンを三価にしてしまう。そして三価の鉄イオンは、赤鉄鉱などの酸化鉄となって、どんどん海底に沈み始めた。そしておよそ25億年前から18億年前にかけて、縞状鉄鉱床と呼ばれる大規模な堆積層が形成された。黒いシリカの層と赤い酸化鉄が交互に堆積したものので、世界の鉄鉱石埋蔵量の90％を占めるともいわれる。約18億年前に縞状鉄鉱床の形成が沈静化したのは、海水中の鉄イオンが枯渇したせいだろう。海は広くて大きいとはいえ、その体積は有限である。海に溶けている鉄イオンを使い続ければ、いつかはなくなる日が来るのだ。

この縞状鉄鉱床を作った主要な原因が、ラン藻の光合成であったことは間違いない。だが実は、量は少ないものの、縞状鉄鉱床の形成はおよそ38億年前までさかのぼることができる。まだラン藻がいない時代だ。おそらく初期の縞状鉄鉱床が形成された原因は酸素ではない。むしろ酸素がないことによって、地表に降り注いでいた強力な紫外線が原因だろう。水に紫外線が当たると、ヒドロキシラジカルが生じ、ヒドロキシラジカルから過酸化水素（H_2O_2）が形成される。この過酸化水素は鉄イオンを三価にして沈殿させると同時に、再びヒドロキシラジカルを形成するのである。

これは先ほど述べた、酸素呼吸の起源の2番目の可能性と調和的である。強力な紫外線のせいで、浅い海にはヒドロキシラジカルが常に生じていた。それが原因となって、縞状鉄鉱床も堆積し、抗酸化酵素も進化したのかも知れない。

もし浅い海の生物が抗酸化酵素を持っていたとすれば、酸素濃度が上昇しても生き残るものがけっこういたのではないだろうか。酸素ホロコーストはもちろんあっただろう。でも、ひょっとしたら、それほど大規模なホロコーストではなかったのかも知れない。

第4部　複雑な生物の誕生（19億年前〜）

第11章　真核生物の誕生

生物は原核生物と真核生物に分けられる

現在地球に住んでいるすべての生物は、細胞の構造から大きく2つのグループに分けられる。原核生物と真核生物だ（原核生物は、さらに真正細菌と古細菌に分けられる）。両者の最もわかりやすい違いは、DNAが核膜に包まれた構造であるかどうか、つまり「核」があるかないかである。核がないのが原核生物で、核があるのが真核生物だ。

核がないとはいえ、原核生物のDNAも、裸で細胞の中を漂っているわけではない。ちゃんとRNAやタンパク質と結合して、コンパクトに圧縮されている。このような原核細胞のDNA領域のことを「核様体」と呼んでいる。

生命の誕生以来およそ20億年の間は、地球には真正細菌と古細菌、つまり原核生物しかいなかった。だが、およそ19億年前になると、真核生物が出現する。約19億年前の地層から、グリパニアと呼ばれる化石が産出するのだ。グリパニアの化石には多少内部構造が残されているものもあり、単なる原核生物の集合体ではなさそうだ。とはいえ、核の構造まで残っているわけではない。それでもグリパニアは真核生物であると考えられている。その根拠は、大きさである【図11-1】。

【図11-1】19億年前の地層から発見された初期の真核生物グリパニアの化石（左）。原核生物に比べて大きい。写真：生命の海科学館

　原核細胞の長さはだいたい5マイクロメートル以下で、10マイクロメートルを超えるものは少ない。だが真核細胞なら、数十マイクロメートルから数百マイクロメートルぐらいは普通で、中には1ミリメートルを超えるものもある。もしもヒトが原核細胞の大きさだとすれば、真核細胞はゾウからクジラぐらいの大きさになるわけだ。中間的な大きさの場合は判断できないけれども、あまりに大きい細胞ならば真核細胞だと結論してもよいのである。グリパニアはくるくると巻いたリボン状の化石で、長さは数センチメートル、厚さは1ミリメートルほどもあるのだ。

　また、アクリタークと呼ばれる球状の化石も、やはり19億年ほど前の地層から産出し始める。これは数十マイクロメートルから数百マイクロメートルほどもあるので、やはり真核生物と考えられている。植物プランクトンあるいは胞子の可能性が高いだろう。ちなみに、「植物プランク

トン」というのは「光合成をする水中の浮遊生物」というだけの意味であって、植物とは関係のない生物である。

現在のすべての真核生物の細胞膜には、ステロールという炭素化合物が使われている。このステロールは酸素を使って合成される。したがって真核生物が進化するには、ある程度の酸素濃度が必要であると考えられる。ラン藻の光合成による大気中や海水中における酸素濃度の上昇が、真核生物の出現の必要条件になっていた可能性は高いだろう。

では、大きな真核生物は、どうやって進化してきたのだろうか。原核生物から進化してきたことは間違いないだろうが、実は真核生物の起源は難しい問題なのだ。そこで、先ずは周辺の事情から見ていくことにしよう。

もともとミトコンドリアは生物だった

有機物を分解してエネルギーを取り出すことを「呼吸」という。別に酸素を使わなくてもいいのだが、「酸素を使う呼吸」は「酸素を使わない呼吸」よりも効率がよい。ミトコンドリアは、真核細胞の中にある細胞小器官で、この酸素呼吸を行っている。地球の生物が発明した呼吸装置の中で、ミトコンドリアは最も優れたものである。真核生物の発展はミトコンドリア抜きには語れないだろう。

ミトコンドリアは、リボソームやゴルジ体などの他の細胞小器官とは、だいぶ様子が違う。細胞分裂のタイミングとは関係なく、ミトコンドリアは細胞の中で勝手に分裂する。まるでミトコンドリア自体が生物みたいだ。そこで以前には、細胞からミトコンドリアを取り出して培養しようとしたこともあったらしい。残念ながら、その試みが成功することはなかった。しかし、1963年にミトコンドリアの中にDNAが発見されたことによって、ますますミトコンドリアは生物のように見えてきたのである。

　現在では、ミトコンドリアはもともとは本当に細菌だったのだと考えられている。おそらく大きな真核細胞は、小さな細菌を飲み込んで、自らの栄養としていた。ところが、飲み込まれた細菌の中には消化されずに、真核細胞の中で生き続けるものもいた。そのようにして真核細胞の中で共生するようになった細菌が、ミトコンドリアだと考えられている。

　長年共生を続けていくうちに、ミトコンドリアは遺伝システムを、徐々に宿主である真核細胞に依存するようになっていった。わざわざ独自の遺伝システムを維持していくのは、ミトコンドリアにとって負担になるからだろう。そして今では、多くの遺伝子（DNA）が、ミトコンドリアから宿主の核へと移動してしまった。ミトコンドリアの中にもDNAは残っているが、それはほんの一部だ。もはやミトコンドリアは、真核細胞から離れては生きていけない。ミトコンドリアを真核細胞から取り出して、培養することはできないのである。

　ところで、細菌はしばしば病気の原因となるので、古くから精力的に研究されてきた。だが細菌は小さいし形も似ているので、区別するのが難しい。そこで古くから良く使われてきたのが、デンマークのハンス・グラムによって1884年に開発されたグラム染色法である。この方法で青紫色に染まる真正細菌が「グラム陽性菌」、染まらない真正細菌が「グラム陰性菌」である。

後にこの分け方は、細胞膜の構造の違いを反映していることが分かった。グラム陽性菌は、1枚の細胞膜で包まれており、その外側にペプチドグリカン（アミノ酸がつながったペプチド鎖と多糖から成る高分子）でできた細胞壁がある。一方グラム陰性菌は、細胞膜の外側にさらに外膜があり、2枚の膜で包まれている。ペプチドグリカンの細胞壁は、2枚の膜の間にある。さらに、このグラム染色法による分類は、系統関係も反映していることが明らかとなったので、現在でも広く使われているのである。

グラム陰性菌の中には、プロテオバクテリアというグループがある。プロテオバクテリアはさらにα（アルファ）、β（ベータ）、γ（ガンマ）、ε（イプシロン）、δ（デルタ）などのグループに分けられる。分子系統学の研究によって、ミトコンドリアはα-プロテオバクテリアに含まれることが明らかになっている。つまりミトコンドリアは、α-プロテオバクテリアが真核細胞に飲み込まれて共生するようになったものと考えられるわけだ。

興味深いことに、ほとんどの酸素非発生型の光合成細菌も、ミトコンドリアと同じくα-プロテオバクテリアに含まれる（ちなみにラン藻はプロテオバクテリアに近縁なグラム陰性菌である）。生化学的に考えれば、ミトコンドリアが行っている酸素呼吸は、光合成と同じ部品を使っていることが多い。光合成の部品を逆向きに動かせば、酸素呼吸の部品になることが多いのだ。おそらくミトコンドリアの祖先は光合成細菌であろう。分子系統学の結果によれば、紅色光合成細菌の仲間が光合成能力を失って酸素呼吸を始め、ミトコンドリアの祖先になった可能性が高いようだ。

ミトコンドリアを持たない真核生物もいる

現生の真核生物のほとんどは、ミトコンドリアを持っている。とはいえ、ミトコンドリアを持っていない真核生物もけっこういるので、それらをまとめて「アーケゾア」と呼ぶこともあった。しかし最近はアーケゾアも、かつてはミトコンドリアを持っていたと考えられるようになってきた。退化したミトコンドリアやミトコンドリアに由来する遺伝子など、ミトコンドリアの痕跡が見つかるからだ。アーケゾアの多くは寄生生活をする病原虫で、腸の内部などの嫌気的な酸素のない環境で生活している。そこでミトコンドリアが不要になり、二次的に失ったのだろうと推測されている。ということで、今ではアーケゾアという分類群名はあまり使われていない。確実に最初からミトコンドリアを持っていない真核生物は、今のところ見つかっていないのだ。これは一体なぜだろうか。

真核細胞が出現したのとミトコンドリアを獲得したのが、ほぼ同時だったと考えれば、これは説明できる。しかし、別の説明もあるだろう。ミトコンドリアを獲得したタイミングは、真核生物が出現したタイミングより、ずっと後でもかまわないのだ。たくさんいた真核生物の中のある種が、たまたまα-プロテオバクテリアと共生を始め、ミトコンドリアを手に入れたとしよう。ミトコンドリアを持っている方が効率的にエネルギーを得られるので、生存競争では有利になる。そこで、最終的にはミトコンドリアを持っていない真核生物は、生存競争に負けて絶滅し、ミトコンドリアを持っている真核生物だけが生き残った。これはありそうなシナリオである。

ところで「単系統群」とは、1つの祖先種とその子孫種すべてを含む集合で、現生種も絶滅種も含まれる。たとえば、真核生物は単系統群だと考えられている。この単系統群に含まれる「現生種全ての最終共通祖先」と「その最終共通祖先の子孫全て」を含む集合を「クラウングループ」と言う。つまり、クラウングループには絶滅種も含まれる場合がある。一方この単系統群の中で、「現生種全ての最終共通祖先に至る前に分岐した全ての種」の集合を「ステムグループ」と言う。ステムグループは、絶滅種だけで構成されることになる。少しややこしいので、具体的な例で説明しよう。

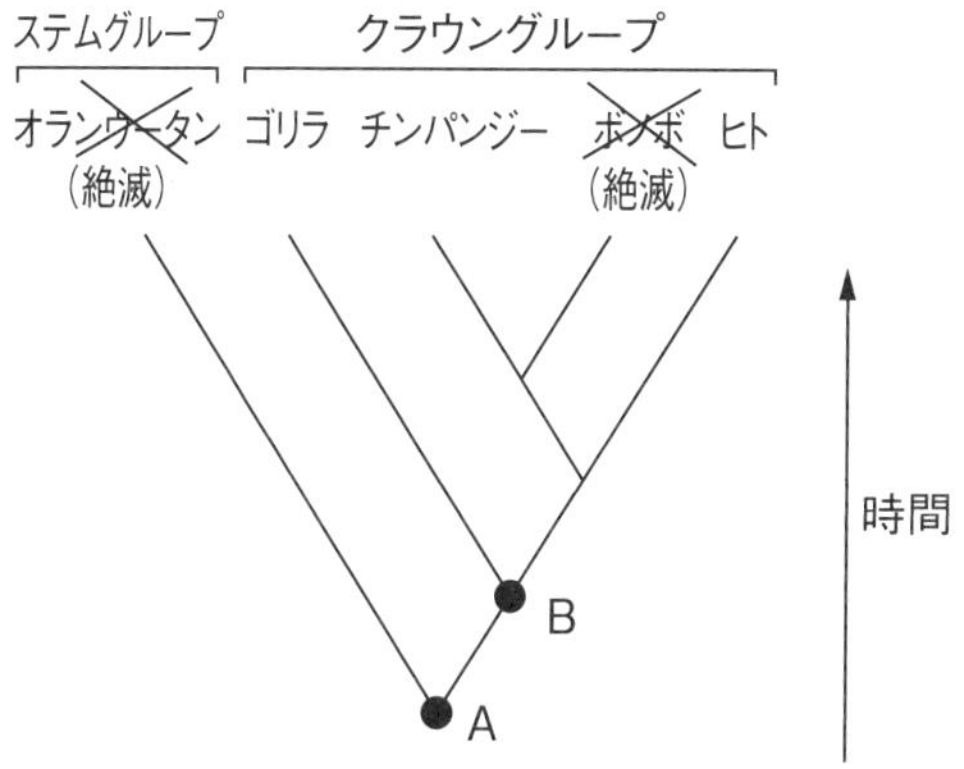

【図11-２】クラウングループとステムグループ。この図（Aから始まる単系統群）では、Bとその子孫すべてがクラウングループで、その他がステムグループとなる。

現在地球上に生息している大型類人猿はオランウータン、ゴリラ、チンパンジー、ボノボの4種だが、系統的に近縁なヒトも含めれば、5種になる。この5種すべての共通祖先をAとしよう。Aからはオランウータンに至る系統と他の4種（アフリカ類人猿）に至る系統が分岐する。しばらくするとこの4種に至る系統は、ゴリラに至る系統と他の3種に至る系統に分岐する。この分岐したときの種、つまりアフリカ類人猿4種の最終共通祖先をBとしよう【図11-２】。

ここで仮に、オランウータンとボノボは現在絶滅しているとする。今も生きているのはゴリラとチンパンジーとヒトの3種だけだと仮定するわけだ。このときヒトも含めた大型類人猿5種のクラウングループは「共通祖先Bとそのすべての子孫」になる。つまりゴリラとチンパンジーとヒトの他に、絶滅しているボノボもクラウングループに含まれるのだ。一方、ステムグループは「共通祖先Aとそのすべての子孫」からクラウングループを引いたものになる。つまりステムグループはオランウータンだけである。

クラウングループに属する生物なら、たとえ絶滅していても、現生生物の情報（たとえばDNA）から、どんな生物だったかを推測することが、ある程度は可能である。しかしステムグループだとそうはいかない。化石でも出ない限りお手上げである。

真核生物のクラウングループはすべてミトコンドリア（あるいはその痕跡）を持っている。ということは、ミトコンドリアを持たない真核生物は、すべてステムグループに属しているはずだ。そうなると、化石でなければ確認できないわけだが、残念ながらそういう化石は今のところ見つかっていないようだ。

真核細胞はどこからきたのか

真核生物の細胞小器官の中では、ミトコンドリアの他に、実は葉緑体もDNAを持っている。そして色々な証拠から、葉緑体もミトコンドリアのように、真正細菌が真核細胞に飲み込まれて共生を始めたものだと考えられている。共生を始める前は、ミトコンドリアはα-プロテオバクテリアだったようだが、葉緑体はラン藻の仲間だったらしい。このような共生によってミトコンドリアや葉緑体の起源を説明した考え方としては、リン・マーギュリスの細胞内共生説が有名である。1967年の発表以来、いや発表する前から、様々な反論に苦労したようだが、現在では定説となっている。

ところで真核細胞の細胞小器官の中で、DNAを持っているものは3つある。ミトコンドリアと葉緑体と核だ。真核細胞は、α-プロテオバクテリアを飲み込んでミトコンドリアにしたし、ラン藻を飲み込んで葉緑体にした。となれば核だって元々は、何かが飲み込まれてできた可能性はないだろうか。

真核細胞を調べてみると、古細菌に似ているところがたくさんある。たとえば、タンパク質を合成するときに、最初に転移RNAが持ってくるアミノ酸は、真核生物と古細菌ではメチオニンだが、真正細菌ではホルミルメチオニンである（ただしタンパク質が完成する前に、ホルミルメチオニンは修飾されたり切除されたりして失われる）。しかし一方で、真核細胞には真正細菌に似ているところもたくさんある。細胞膜に使われている脂質は、古細菌ではエーテル脂質だが、真核細胞と真正細菌ではエステル脂質なのだ。

どうやら真核細胞は、遺伝子やDNAに関する部分は古細菌に似ているが、物質やエネルギーの流れである代謝に関わる部分は真正細菌に似ているようだ。思い切り単純化すれば、真核細胞は、核の中は古細菌に似ていて、核の外は真正細菌に似ているのだ。すると、こんな仮説がすぐに思い浮かぶだろう。「真核細胞というものは、真正細菌が古細菌を飲み込んで共生を始めたものなのだ。そして古細菌が、真核細胞の核になったのである」という仮説だ。これはなかなか魅力的な仮説だ。シンプルだし、根拠もある。しかし残念ながら、この説をそのまま受け入れることは、ちょっと難しいようだ。

ある細胞が他の細胞を飲み込む。これを「食作用」というが、これはなかなか複雑な行動だ。細胞を変形させて、他の細胞を包み込み、そして外側の細胞膜を再び閉じる。このようなダイナミックな動きをするには、どうしても細胞骨格が必要である。アクチンやチューブリンなどのタンパク質で構成された細胞骨格があれば、細胞を変形させて、食作用を行うことができるのだ。だが知られているかぎり、食作用を行う真正細菌や古細菌は存在しない。考えてみれば、ミトコンドリアになったα-プロテオバクテリアも、葉緑体になったラン藻も、飲み込まれる側だった。これなら問題はない。しかし飲み込む側に、真正細菌や古細菌を持ってくると、少し困ってしまうのだ。実は現在でも、細胞内共生という現象はときどき見られる。しかし、宿主はすべて真核細胞である。原核細胞が宿主になっている例は1つも知られていないのである。

また、ダイナミックな動きをする細胞の中では、非常に長い分子であるDNAは壊れやすいという見解もある。細胞骨格が発達して様々な運動をするためには、DNAを独立した区画に隔離しておく必要があるのかも知れない。もしそうなら核膜は、真核細胞の中で、独自に進化したものということになる。

さらにいえば、真正細菌や古細菌に比べて、真核細胞はあまりにも大きく、そしてあまりにも複雑だ。明らかに真核細胞は、真正細菌と古細菌を足した以上のものなのだ。真核細胞は、真正細菌と古細菌を足しただけでは作れないのだ。それでは一体どうやって、真核細胞は進化したのだろうか。

じつは、真核細胞の起源はよくわからない。仮説はたくさんあるのだが、残念ながらどれも決定的な根拠に欠けている。確かなのは、真核細胞の起源は捕食者だったということぐらいだ。たとえば、真正細菌や古細菌の他に、第3の仮想的な原核生物（クロノサイト）の存在を仮定する場合もある。クロノサイトは独自の進化を遂げて、食作用が行える真核細胞になる。そしてクロノサイトが真正細菌も古細菌も飲み込んで、現在の真核生物になったというわけだ。遺伝子やタンパク質のデータも含めて、この説に大きな矛盾はない。でも、決定的な証拠もない。現時点では残念ながら、真核生物の起源はよく分からないのである。

大きさでいえば、真核細胞の中のミトコンドリアや葉緑体は、クジラに飲み込まれたヒトのようなものだろう。ミトコンドリアや葉緑体は、真核細胞よりもずっと小さいからだ。しかし、真正細菌が古細菌を飲み込んで真核細胞になったというのは、ヒトがヒトを飲み込んだらクジラになった、というようなものだ。こちらは少し無理があるだろう。そもそもヒトがヒトを飲み込むのが難しい上に、ヒトとヒトを足しただけではとてもクジラにはならないからである。これは大きさだけのたとえ話だが、複雑さにおいても、真核細胞と原核細胞（細菌）の間には雲泥の差があるのである。

しかし起源はともかく、真核細胞は進化的に成功し、地球上に広く分布するようになった。この時期の酸素濃度の上昇も、ミトコンドリアを持った真核生物の成功を、後押ししたに違いない。

アクリタークのような真核生物は海洋全体に広く分布し、地球には真核生物が満ち溢れていったのだ。そして、ついに真核細胞は、原核細胞にはできなかったことを成し遂げた。多細胞化である。

真核細胞はその複雑さゆえに、多細胞化に必要なものをそろえることができたのだろう。細胞同士の接着やコミュニケーションに使われる分子もそうだが、細胞骨格があるために細胞自身がいろいろな形になれたことも重要だったに違いない。そして、たくさんの細胞が様々な役割を果たしながら、積み重なって大きな多細胞生物になっていく。何億頭あるいは何兆頭ものクジラが合体して、ヒトから見れば雲を突くような巨大な多細胞生物になっていく。それが次章の話である。

第12章　多細胞生物の出現

アメーバは死なない

私は子供の頃、アメーバが羨ましくて仕方がなかった。アメーバは死なないと思ったからだ。1匹のアメーバは、分裂して2匹になる。基本的にはその繰り返しだ。もちろん環境が悪化したりすれば、アメーバだって死ぬことはあるだろう。でも特にそういう事故がなければ、アメーバは永遠に分裂し続けるのだ。つまり永遠の命を持っているのだ。何てすばらしい生物だろう。

それにひきかえ、どうしてヒトは必ず死ぬのだろうか。その答えは、ヒトが多細胞生物だからだ。必ず死ぬのは、多細胞生物だけなのだ。多細胞生物とは、単に「細胞がたくさん集まった生物」ではない。それは群体といい、同種の生物が集まって、ただ連結しているものだ。その証拠に、群体を作っているどの単細胞生物も、永遠に分裂を続けて死なない可能性を持っている。

だが多細胞生物は、そうではない。たとえば私の手は、私が死んだらそれでおしまいだ。子供に伝えることはできない。私の手は、使い捨てなのだ。しかし私の身体のすべてが、使い捨てというわけではない。それでは子孫が残せない。使い捨てではないものが1つだけある。それは生殖細胞だ。もちろん実際に子供になるのは、生殖細胞の中のほんの一部に過ぎない。それでもすべての生殖細胞には、子孫に伝えられる可能性はあるのだ。すべての生殖細胞には、永遠の命をもつ可能性があるのだ。そこが、手などを作っている体細胞との違いである。体細胞は必ず死ぬ運命なので、永遠の命をもつ可能性はゼロである。

つまり単細胞生物は、自分自身が生殖細胞なのだ。その単細胞生物の中から、使い捨ての体細胞を発明したものが現れて、多細胞生物になったのである。

単細胞生物（＝生殖細胞）＋使い捨ての体細胞＝多細胞生物

ということになる。そう考えると、子供の頃の私の夢は、すでにかなっていることになる。私は本質的には単細胞生物だ、とも言えるからだ。体細胞はおまけに過ぎない。おまけは使い捨てだが、生殖細胞は永遠の命を持っている。そういう意味では、私だってアメーバと同じなのだ。

別の言い方をすれば、細胞の種類が1つしかないのが単細胞生物で、2つ以上あるのが多細胞生物だとも言える。生殖細胞はあまり自由に変化させることはできないだろうが、使い捨ての体細胞ならどうにでもできる。エサを捕まえるためや防御のためなど、様々な役割に特殊化した体細胞を何種類だって作ることができるのだ。前章でも述べたが、ここで活躍するのが真核細胞に特有の細胞骨格である。細胞骨格があれば、自由自在に細胞の形を変えることができるのだ。

様々な種類の細胞を作れることは、真核細胞に特有の能力であり、多細胞化の利点にもなる。生殖細胞のような特殊化していない細胞が、ある機能を持つ細胞に特殊化していくことを「細胞分化」というが、これが多細胞生物の特徴なのだ。私たちヒトは、およそ260種類ほどの細胞を持っている。そこまで多くなくとも、多細胞生物であれば、少なくとも生殖細胞と体細胞の2種類は持っているわけだ。

それでは、多細胞生物は、どのようにして現れたのだろうか。そのヒントは、現在生きている生物の中に見ることができる。

単細胞と多細胞の中間の生物もいる

細胞性粘菌類にタマホコリカビという生物がいる。落ち葉の下の湿った土などにいる生物だ。ふつうは10マイクロメートルぐらいのアメーバ状の単細胞生物で、細菌などを食べながら、成長と分裂を繰り返している【図12-1】。

【図12-1】タマホコリカビという細胞性粘菌類は、集まれば多細胞生物にもなる。©www.ushi.jp

ところがエサがなくなると、1匹のタマホコリカビがサイクリックAMPという化学物質を分泌する。すると周囲のタマホコリカビも、サイクリックAMPを分泌しながら集まってくるのだ。10万匹ぐらい集まると、1匹のナメクジのように振る舞い、動き回ってエサを食べる。この時点でタマホコリカビは、多細胞生物になったわけだ。それからナメクジの背中が盛り上がってきて固くなり、胞子を入れる胞子嚢を先端につけた子実体を形成する。それまで動物のように動き回っていたタマホコリカビは動くのをやめて、菌類のような姿になるわけだ。そして胞子が発芽すると、再びアメーバ状の単細胞生物に戻るのだ。つまりタマホコリカビは、単細胞の時期と多細胞の時期を繰り返すのである。

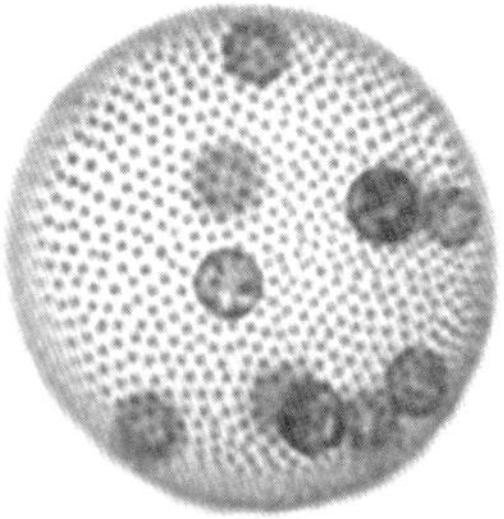

【図12-2】ボルボックスという淡水性の緑藻。細胞が集まって群体を作りボールのような形になっている。

　また、タマホコリカビとはまったく違う生物だが、ボルボックスという淡水性の緑藻がいる【図12-2】。ボルボックスの細胞は、それぞれがエサを食べ、分裂をすることができる。普通に考えれば、ボルボックスは単細胞生物である。しかしボルボックスは、2000個ほどの細胞が集まって群体を作り、緑色のボールのような形になっている。そして、それぞれの細胞が持つ鞭《べん》毛《もう》を協調的に動かして、クルクルと回転しながら遊泳する。ボルボックスの和名はオオヒゲマワリというが、それはこの行動から名づけられたものである。ヒゲのような鞭毛を動かしてクルクル回るからヒゲマワリだ。ボールの中には小さな細胞群（娘《むすめ》群体）も入っている。そしてボルボックスは、外側のボールを裏返して内側の娘群体を放出するのだ。まるで多細胞生物が、多細胞の子供を産むみたいである。

タマホコリカビやボルボックスが単細胞生物なのか、あるいは多細胞生物なのかを決めることは重要ではない。これらの生物は実際に、単細胞生物と多細胞生物の中間なのだろう。もしかしたら、多細胞生物へと進化している途中なのかも知れない。あるいは逆に、これから単細胞生物へと戻っていくところかも知れない。それはわからないけれど、わかることもある。タマホコリカビとボルボックスは系統的に異なる生物である。したがって両者の多細胞的な特徴は、独立に進化したものだ。現在だけでも複数の系統で多細胞化している可能性があるのだから、過去を振り返ればたくさんの系統で多細胞化が起きたに違いない。そこが「真核生物の出現」と「多細胞生物の出現」の違うところである。真核生物の出現は滅多にないこと、おそらくは一度きりの出来事だった。少なくとも現在生きているすべての真核生物は、ただ一種の真核生物の最終共通祖先から進化してきたものである。一方、多細胞化は、大して珍しいことではないようだ。生物の世界では多細胞化は何度も起きたようである。

真核生物は3つに分けられる

地球の生物は、真正細菌、古細菌、真核生物の3つのグループに大きく分けられる。その中の真核生物は、さらに3つに分けられる。アメーボゾアとオピストコンタとバイコンタだ。真核生物の系統関係を復元するのはなかなか難しく、研究者間で広く一致した見解は、まだ得られていない。だが、系統的に大きくこの3つのグループに分けられるというところまでは良さそうだ。最初のアメーボゾアには、あのタマホコリカビが属している細胞性粘菌類が含まれる。2番目の

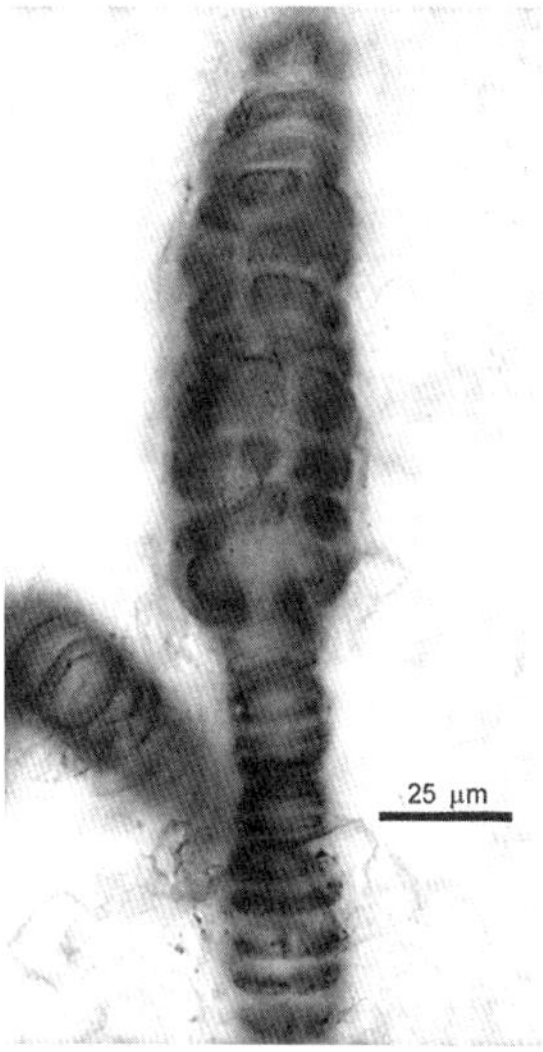

【図12-3】今のところ確実な最古の多細胞生物の化石であるバンギオモルファ。図：EVOLUTION：MAKING SENSE OF LIFEより

オピストコンタには、動物や菌類（カビやキノコの仲間）、そして動物の祖先と言われる襟鞭毛虫《えりべんもうちゅう》などが含まれる。ここでは動物と菌類がそれぞれ独立に多細胞化している。最後のバイコンタはものすごく大きなグループだ。真核生物を3個ではなく10個ぐらいのグループに分けることもあるが、その場合はオピストコンタとアメーボゾアの2つを除いた残りのグループは、すべてバイコンタに入ってしまう。バイコンタの中では植物や緑藻や紅藻が、それぞれ独立に多細胞化している。おそらく、これら以外のグループでも、多細胞化は何度か起きているだろう。

多細胞生物はいつ生まれたか

紅藻はありふれた海藻で、ノリなどの食材としても使われている。紅藻は大きく「原始紅藻」と「真正紅藻」の2つのグループに分類されるが、原始紅藻の中にバンギア属（ウシケノリ属）というグループがある。このバンギアに似た紅藻と思われる化石が、カナダの12億年前の地層から発見され、バンギオモルファと命名された。「バンギアのような形をしたもの」という意味である。これが現在のところ、最古の確実な多細胞生物の化石である【図12-3】。

バンギオモルファは、長さが2ミリメートルほどの毛筆のような形をしていて、おそらく根元にある付着根で、岩に固着していた。バンギオモルファの化石が素晴らしいのは、細胞が見えることだ。細胞が1列ないし数列に並ぶことによって毛筆のような形になっている。先端には胞子のような丸い構造物も認められる。さらに付着痕の部分の細胞と毛筆の毛に当たる部分の細胞は形が異なる。つまり細胞分化が起きていたこともわかるのだ。

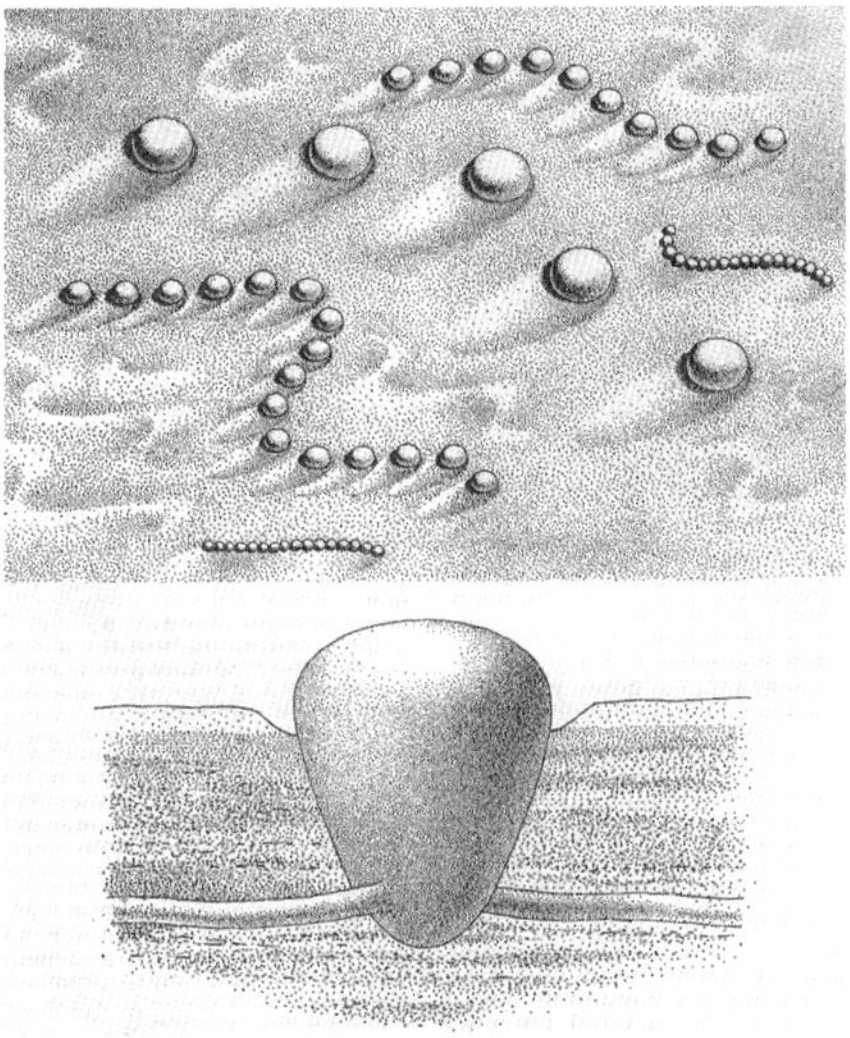

【図12-4】ネックレスのような形をしたホロディスキアも最古の多細胞生物の候補。下は地中での形態。©Fedonkin, 2003

実は、バンギオモルファよりも古い多細胞生物の化石も、たくさん報告されている。細胞が2つ以上つながっている化石なら20億年以上前のものもある。グリパニア（P123）だっておそらく複数の細胞からできている。さらに、ネックレスのような形をした15億年前のホロディスキアも最古の多細胞生物の候補だし、多細胞生物のものと思われる這い跡も報告されている【図12-4】。しかし「1つの個体」と「単細胞生物が集合したコロニー」を区別することは、化石ではしばしば難しい。這い跡のような生痕化石から、それを残した生物を推測するのもなかなか困難だ。ということで今のところは、はっきりと多細胞生物だと分かる最古の化石は、バンギオモルファということでよいだろう。

多細胞生物が大きくなった

ところで、地球の歴史は、大きく4つの時代（累代《るいだい》）に分けられる。地球の誕生から約40億年前までの冥王累代、約25億年前までの太古累代、約5億4100万年前までの原生累代、そして現在までの顕生累代だ【表12-1】。

顕生累代の最初の時代がカンブリア紀で、動物が一斉に多様化した時代として知られている。いっぽう原生累代の最後の時代がエディアカラ紀だ。カンブリア紀の直前の時代で、約6億3500万年前から約5億4100万年前である。ちなみに現代は、顕生累代の新生代・第四紀・完新世である。

実はカンブリア紀より古い化石は、長い間見つかっていなかった。第2次世界大戦が終わった翌年に、レギナルド・スプリッグはオーストラリアのエディアカラ丘陵でエディアカラ紀の化石を発見し、1947年に新種の化石の特徴を記載した論文を発表した。これが、カンブリア紀よりも古いと認識された最初の化石で、後にエディアカラ生物群と呼ばれるものの一部であった。ただし、記載した時点ではスプリッグはカンブリア紀の化石と考えていたのだが、後の調査でカンブリア紀よりも古い化石であることが判明したのである。

地質年代区分(億年前)

顕生累代	新生代(0.66～)	第四紀(0.0258～)	完新世(0.000117～0)
			更新世(0.0258～)
		新第三紀(0.230～)	鮮新世(0.0533～)
			中新世(0.230～)
		古第三紀(0.660～)	漸新世(0.339～)
			始新世(0.560～)
			暁新世(0.660～)
	中生代(2.52～)	白亜紀(1.45～)	
		ジュラ紀(2.01～)	
		三畳紀(2.52～)	
	古生代(5.41～)	ペルム紀(2.99～)	
		石炭紀(3.59～)	
		デボン紀(4.19～)	
		シルル紀(4.44～)	
		オルドビス紀(4.85～)	
		カンブリア紀(5.41～)	
原生累代	新原生代(10.0～)	エディアカラ紀(6.35～)	
		クライオジェニア紀(7.20～)	
		トニア紀(10.0～)	
	中原生代(16.0～)		
	古原生代(25.0～)		
太古累代(始生累代)(40.0～)			
冥王累代(46.0～)			

【表12-1】地質年代区分。地球の歴史は大きく4つ(冥王累代、太古累代、原生累代、顕生累代)に分けられる。

【図12-5】カンブリア紀より古いエディアカラ生物群（多細胞生物）。最初の化石は1946年にオーストラリアで発見された。図：A Review of the Universe

その後、エディアカラ生物群【図12-5】はユーラシアやアフリカ、北アメリカや南アメリカなど様々な場所で発見され、エディアカラ紀には世界中に広く分布していた生物群であったことが明らかになったのである。

エディアカラ生物群は、明らかに多細胞生物である。これまでは小さいものが散発的にしか産出しなかった多細胞生物の化石が、エディアカラ紀後半になると一気に大きなものが大量に見つかるようになるのだ。「アバロン爆発」（P146）である。

エディアカラ生物群の一部は、おそらく動物である。クラゲのような刺胞動物と考えられる化石があるからだ。さらに、スプリッギナという注目すべき化石もある。この化石には三日月形の頭部がある。その後ろに続く体は左右相称で体節がある。ということは、三葉虫のような節足動物の祖先かも知れないし、ゴカイのような環形動物かも知れない。詳しいことは分からないが、すくなくとも左右相称動物である可能性は高いだろう。キンベレラも左右相称で這い跡があること、周囲の岩に引っ掻き傷があることから、動物であることはほぼ間違いない。引っ掻き傷は、口が突きだした吻のようなもので有機物を集めた跡ではないかと推測されているが、吻は発見されていない。軟体動物である可能性が指摘されている。

このように現生の動物の分類群と関連づけられそうな生物もいるものの、エディアカラ生物群の多くは、分類学的所属が不明の生物である。ディキンソニアは楕円形の生物で、頭部はない。体節のようなものがあり、一見左右相称に見える。しかしよく見ると、左右の体節はつながっていなくて微妙にずれている。左右相称ではないのだ。こんな構造の現生生物は見つかっていない。トリブラキディウムは円盤状の生物だが、中心から3本の溝が外に向かって伸びている。つまり同じ構造が120度ごとに繰り返される3回対称の体をしているのだが、こういう生物も現在はいないのだ。

このような生物は絶滅してしまった多細胞生物のグループで、動物でも植物でもないという考えもある。確かに植物ではなさそうだし、口も消化管もないので動物にも見えない。有名なのはドイツのドルフ（アドルフ）・ザイラッハーの説で、彼はこの絶滅したグループをベンドビオンタと呼んでいる。ザイラッハーはベンドビオンタの体を、液体の入った中空の袋が集まったマットレスのようなものだと考えたのである。別の見解としては、エディアカラ生物群は巨大な原生生物であるという意見もある。また、エディアカラ生物群の少なくとも一部は地衣類であるという説もある。1匹の生物のように見えるものは、実は菌類と藻類の共生体が作り出した構造だというのである。

色々な説があるが、おそらくエディアカラ生物群の一部は動物で、その他は動物に近いが絶滅してしまったグループ、つまり動物のステムグループではないだろうか。そしてもしもステムグループの一部がマットレスのような構造を共有していたのであれば、1つのグループにまとめてベンドビオンタと呼ぶことも適切だろう。

エディアカラ生物群が繁栄したのはエディアカラ紀後期である。化石が産出するのは、約5億7500万年前からエディアカラ紀末の5億4000万年前の地層までだ。最古のエディアカラ生物群の化石はカナダのアバロンで見つかった。だが、すでにアバロン群集は十分に多様な生物群集だった。後期のエディアカラ生物群に比べると、種の数はまだ少なかった。しかし体のさまざまな構造は、後期のエディアカラ生物群と同じぐらい色々なものが出そろっていた。つまり形態の異質性という点では、すでにアバロン群集は、後期のエディアカラ生物群と同じレベルに達していたのである。

このようにエディアカラ生物群は、いきなり多様な群集が出現したように見える。これを「アバロン爆発」と呼んでいるわけだ。だが、どうしてアバロン爆発が起きたのだろうか。それを考えるために、この時代に起きた地球環境の大事件を見てみることにしよう。地球が全球凍結したスノーボールアースである。

第13章　スノーボールアース

地球が凍りついた

地球はおよそ40億年間に渡って、ほぼ温暖湿潤な環境を保ってきた。しかし、そこから外れることがまったくなかったわけではない。その最たるものがスノーボールアースである。かつて地球は両極から赤道まで、全球凍結していたのだ。

スノーボールアースは、生物にとって過酷な環境だ。しかしその反面、地球が全球凍結したおかげで、様々な生物が進化することができた可能性もある。もしも地球がスノーボールアースにならなかったら人類は進化しなかっただろうと言う研究者もいるくらいだ。スノーボールアースは生物にとって、ピンチであると同時にチャンスでもあったのである。

前章で述べたように、バンギオモルファのような多細胞の藻類は、遅くとも約12億年前には出現していた。しかし6億3500万年前から始まるエディアカラ紀になるまで、多細胞生物の多様性は低いままだった。7億6000万年前という古い地層から、動物化石（オタビアという海綿動物）が報告されているようだが、決定的ではない。確実な最古の動物化石は、エディアカラ紀初期の海綿動物と考えてよいだろう。

エディアカラ紀になると、海綿動物の他に、世界中からエディアカラ生物群の化石が見つかり始める。アバロン爆発と呼ばれるように多様性がいきなり高くなり、それから数も増えていく。トニア紀の貧弱な生物多様性とは雲泥の違いである。

生物の多様性の低いトニア紀と、多様性の高いエディアカラ紀の間で一体何が起きたのであろうか。実は、トニア紀とエディアカラ紀の間には、もう1つ時代がはさまっている。クライオジェニア紀という7億2000万年前から6億3500万年前までの時代だ。実はこの時代に、地球は2回全球凍結していたのである。

クライオジェニア紀が始まってしばらくすると、スターチアン氷河時代が始まって、地球はスノーボールアース状態になる。それから地球はいったん温暖な気候に戻ったのだが、それもつかの間で再びスノーボールアースになってしまう。マリノアン氷河時代だ。このマリノアン氷河時代の終了をもって、クライオジェニア紀からエディアカラ紀へと時代が変わることになっている。エディアカラ紀になってしばらくすると、地球はまたもや氷河時代に突入する。今回は全球凍結まではいかなかったものの非常に寒冷な時代で、ガスキアス氷河時代と呼ばれている。このガスキアス氷河時代が終わるのが約5億8000万年前である。そしてこの直後から、エディアカラ生物群が出現するのである。

トニア紀までは多細胞生物の多様性は低かった。それから地球は3回の氷河時代を経験し、そのうち2回はスノーボールアース状態になった。その3回の氷河時代が終わった途端にエディアカラ生物群が出現し、多細胞生物の多様性は一気に高まったのである。実は地球は、およそ22億年前にもスノーボールアース状態になったと考えられている。この後に真核生物が進化したことから、スノーボールアースが複雑な生物を進化させた原動力になったという意見もある。それではスノーボールアースと生物進化の関係を検討する前に、そもそも何で地球がスノーボールアースになったことが分かるのかを簡単に見ておこう。

氷河堆積物が赤道にあった？

スノーボールアース仮説は1992年に、カリフォルニア工科大学のジョセフ・カーシュビンクによって提唱された。カーシュビンクは、当時は赤道域にあったと考えられる約6億年前の地層から、氷河堆積物を発見したのである。

カーシュビンクは元々は地磁気の専門家だ。地球の磁力線は、南極付近のN極から出ると、弧を描くようにして北極付近のS極に入る。赤道付近では磁力線は地面と平行だが、北極や南極付近では地面と垂直になる。日本だとその中間で、磁力線は水平よりも50度ぐらい下を向く。この角度を伏角《ふっかく》という。

一部の岩石は、このような地磁気を記録している。たとえば磁鉄鉱は、周りに磁場がなくても磁化されたままでいられる鉱物、つまり強磁性を示す鉱物だ。自然界にある永久磁石と言ってもよい。当然だが磁鉄鉱は、マグマの中で溶けているときには磁化されていない。火山が噴火すると、流れ出した溶岩が地表で冷やされて固まる。そのときに、溶岩の中にあった磁鉄鉱が、地磁気によって磁化されるわけだ。カーシュビンクは、こうして岩石に記録された地磁気を調べた。

そして地層中に記録された地磁気の伏角から、約6億年前の氷河堆積物が、赤道付近で形成されていたことを発見したのである。

スノーボールアースの証拠はこれだけではない。たとえば、ハーバード大学の地質学者ポール・ホフマンは、スノーボールアース仮説によってキャップカーボネートという不思議な地質構造も説明することができるという。キャップカーボネートというのは、スノーボールアースの直後に作られた、つまり氷河性堆積物のすぐ上をキャップするように堆積している炭酸塩（カーボネート）岩のことである。

地球が凍りついたもう1つの証拠

地球は太陽光によって暖められているが、届いた太陽エネルギーのすべてを受け取っているわけではない。現在の地球は、太陽エネルギーの約70％を受け取り、残りの約30％を反射している。この反射率を惑星アルベドという。つまり地球の惑星アルベドは、約0・3だ。ところでスノーボールアースになると、地球は雪や氷で真っ白になる。白いということは、可視光線の大部分を反射しているということだ。すると惑星アルベドが上って、地球はますます冷えてしまうことになる。

現在の地球の平均気温は、およそ15℃である。これがスノーボールアースになると、マイナス40℃近くまで低下したといわれている。海洋は、すべて厚さ1000メートル以上の氷で閉ざされていただろう。海面が氷で閉ざされれば、大気中の二酸化炭素は海に溶け込めないので、大気中から消費されない。しかし、地表が凍りついていることには関係なく、火山活動は同じペースで起きるだろう。したがって二酸化炭素は、火山ガスの形で大気中に供給され続けることになる。大気中の二酸化炭素は、ゆっくりと増加していく。そして、二酸化炭素がある濃度を超えた時、その強烈な温室効果で、ついに地球を覆っていた氷が溶け始めるのだ。

スノーボールアースの氷が溶け始めるということは、惑星アルベドが高い状態で氷が溶け始めるということだ。当然現在よりもずっと多くの二酸化炭素が必要だ。約0・12気圧ぐらい必要だという見積もりもある。現在の二酸化炭素濃度は約0・00035気圧だから、それのおよそ350倍だ。更にいったん氷が溶け始めると、海洋や大陸が姿を現す。すると惑星アルベドが下がって、地球は太陽エネルギーを多く吸収するようになり、ますます温度が上昇していく。

それでも、氷が溶けている間はまだいい。氷が液体の水に変化するためには温度が変化しなくても融解熱というエネルギーが必要だからだ。太陽エネルギーの一部は融解熱に使われてしまうため、気温の上昇はゆっくりしたものになるだろう。しかし氷がすべて溶けてしまうと、融解熱に使用されていた太陽エネルギーもすべて気温や水温の上昇に使われるため、一気に気温が上昇し始めるのだ。現在の350倍の濃度の二酸化炭素による猛烈な温室効果によって、地球全体が現在の熱帯以上の高温環境になったと考えられている。

重い箱を動かそうとして頑張って押していると、なかなか動かなかった箱が、急に動き出してしまうことがある。むしろ少しだけ動かす方が難しい。スノーボールアースからの脱出も同じようなものだろう。ちょっとやそっとの温室効果では、スノーボールアースを抜け出すことはできない。猛烈な温室効果によって、やっと脱出できるのだ。しかし、スノーボールアースを脱出した途端に、温室効果が消えてなくなるわけではないので、今度は反対に、平均気温が約50℃という高温環境まで地球は突っ走ってしまうのだ。

このような高温環境の地球では、陸上で風化（太陽光や風雨によって岩石が破壊されたり溶解したりすること）が促進される。すると、どんどんカルシウムなどのイオンが海洋へと流れ込んでいく。大気から溶け込んだ二酸化炭素が海水中にはたくさんあるので、これがカルシウムイオンと結合する。そうして、炭酸カルシウムなどの炭酸塩がどんどん作られて、海底に堆積していくのである。こうして作られた巨大な炭酸塩岩の地層が、キャップカーボネートだと考えられている。

氷河性堆積物は寒冷なところで、炭酸塩岩は温暖なところで形成される堆積物である。それらが接して堆積している理由が、以前には分からなかった。同じ場所にもかかわらず、極域の気候から熱帯の気候へと急に変化する理由が説明できなかったのだ。それが、スノーボールアース仮説によって、きれいに説明することができたのである。この他にもスノーボールアースを支持する証拠はいくつもあるので、地球がかつて全球凍結していたことは確かだろう。

スノーボールアースが酸素濃度を上昇させた

スノーボールアースは生物にとって寒過ぎる環境である。生物にいいことなど、何ひとつないように思える。それなのにスノーボールアースが、生物を複雑化させたり多様化させたりした可能性があるのである。その理由の1つは、酸素濃度の上昇だ。クライオジェニア紀の大気中の酸素濃度はよく分からないが、およそ現在の10分の1ぐらいだったと思われる。それが、エディアカラ紀にはほぼ現在のレベルまで上昇したらしい。

エディアカラ生物群は、体長が2メートルに達するものまでいる大きな多細胞生物である。真核生物であることは明らかなので、細胞にはミトコンドリアがあって、酸素呼吸をしていたことは間違いない。このように大きくて酸素呼吸をする生物が進化するには、ある程度以上の酸素濃度が必要だろう。したがって、この時期の酸素濃度の上昇が、エディアカラ生物群の出現の必要条件になった可能性はかなり高いと考えられるのだ。

酸素濃度が上昇した理由として、シアノバクテリアの大量発生を挙げる研究者もいる。スノーボールアースの時代には、海底の熱水噴出孔などから放出された栄養塩類が、消費されずに海水中に大量に蓄積されていた。また、スノーボールアースが終わると温暖化のために風化が進み、リンなどの栄養塩類が大量に陸上から海洋に流れ込んだだろう。こうして富栄養化された海洋で、光合成をするシアノバクテリアが大量発生したというのである。

確かに現在でも、下水などのせいで湖沼が富栄養化して、シアノバクテリアが大量発生することがある。青粉《あおこ》と呼ばれる現象で、人間社会にさまざまな被害をもたらしている。そう考えれば、富栄養化によってシアノバクテリアが大量発生するのは、確かにありそうなことである。

シアノバクテリアが行う光合成は、二酸化炭素を吸収して、酸素を放出する化学反応である。大量発生したシアノバクテリアが、どんどん光合成をして、どんどん酸素を放出すれば、酸素濃度は高くなるのだろうか。いや、そんなに単純な話ではないのだ。

光合成を表す化学反応式はたくさんあるが、一番簡単な式を考えよう。それは、以下のようなものだ。

$$\text{光エネルギー} + 6CO_2 + 12H_2O \rightarrow 6O_2 + 6H_2O + C_6H_{12}O_6$$

ちなみに、CO_2 は二酸化炭素、H_2O は水、O_2 は酸素、$C_6H_{12}O_6$ はグルコースである。これでもかなり複雑なので、左辺と右辺の両方にあるものは相殺し、光エネルギーも省略すると、次の式になる。

$$6CO_2 + 6H_2O \rightarrow 6O_2 + C_6H_{12}O_6$$

まだ複雑だ。もっと簡単にするために、両辺を無理やり6で割ろう。

$$CO_2 + H_2O \rightarrow O_2 + CH_2O$$

水は生物にとって非常に重要な物質だが、とにかく式を簡単にしたいので、両辺から無理やり H_2O を消去しよう。

$$CO_2 \rightarrow O_2 + C \qquad (1)$$

これでだいぶ見やすくなった。乾燥重量で測れば、生物の体に一番多い元素はC（炭素）なので、右辺のCは生物体とみなしてよいだろう。要するに(1)式は、つまり光合成は、二酸化炭素を酸素と生物体に変える反応なのだ。

ところで、シアノバクテリアは死ぬと分解される。分解される式は、私たちが行っている酸素呼吸の式と同じで、以下のようなものだ。

$$C_6H_{12}O_6 + 6O_2 + 6H_2O \rightarrow 6CO_2 + 12H_2O$$

この式も光合成のときと同様にして無理やり簡単にすると、次の式になる。

$$C + O_2 \rightarrow CO_2 \quad (2)$$

つまり、生物体を分解する反応は、酸素を使って生物体を燃やして二酸化炭素にする反応なのだ。ちょうど光合成の逆である。ここで、(1)式と(2)式をまとめると、以下のように表せる。反応が右に進めば光合成で、左に反応が進めば分解である。

$$CO_2 \Leftrightarrow O_2 + C$$

↓光合成
↑分解

それでは青粉のように、シアノバクテリアが一時的に大発生した場合はどうなるだろうか。大発生している間は、シアノバクテリア（C）はどんどん増える。つまり式は右に移動するわけだから、酸素（O_2）もどんどん増える。したがって大気中の酸素は増えるかも知れない。しかし、シアノバクテリアが死んで分解されれば、式は左辺に戻ってしまう。元の木阿弥である。したがって、シアノバクテリアの大発生で説明できるのは、一時的に酸素濃度が上がることだけなのだ。ずっと酸素濃度を高いレベルに維持するためには、式が左に戻らないように、右に固定しておかなくてはならない。そのためには、シアノバクテリアが死んでも分解されないことが必要である。

大陸の増大も酸素濃度を増大させた

氷河時代直後の高温環境によって、風化が促進されたであろうことは先ほど述べた。そうなると、当時は陸上に植物がいないので地盤がゆるく、粘土のように細かい粒子はどんどん海へ流出していっただろう。また、シアノバクテリアのような微生物は、硬い岩石を柔らかい粘土に変える働きがある。シアノバクテリアの大量発生によって、ますます粘土鉱物の流出量は増えた可能性もある。

ところで、粘土鉱物は有機物に結合しやすい。粘土鉱物が海に流入すると、シアノバクテリアなどの微生物は細かい粘土に飲み込まれて、簡単に埋没してしまっただろう。このようにして大量のシアノバクテリアが海底に埋没されて、分解されることなく地層中に保存されたという説がある。やや証拠不足な感じもするが、酸素濃度が上昇したメカニズムをうまく説明している点で、よくできた仮説である。

ところで、これらの粘土鉱物の流出を促進させた風化作用は、陸地の存在を前提にしている。陸地があるから堆積物が海に流れ込み、生物を海底に埋めることができるのである。初期の地球には陸地が少なかった。その後、大陸が形成され、大陸が成長し、地球には陸地が増えていった。このような大陸の増大が、少なくとも間接的には酸素濃度の増大を促進したことは事実であろう。

競争相手がいなければ一気に多様化できる

これまでに述べてきたように、エディアカラ生物群の出現を可能にした要因の1つは、おそらく酸素濃度の上昇だろう。しかし、いったん出現すると、エディアカラ生物群はアバロン爆発と呼ばれるぐらい一気に多様性の高い状態に到達した。これはなぜだろうか。

それほど規模が大きくなければ、多様性が急激に増加することはしばしばある。たとえば、新しく島ができたときだ。およそ500万年前に、ハワイ諸島にミツスイという鳥がやってきた。それが種分化を繰り返して、現在ハワイ諸島に棲むハワイミツスイは、数十種に多様化している【図13－1】。ミツスイは、食物や住む場所のある広い土地に適応することによって、短期間に多様化したのだろう。このような現象を適応放散という。適応放散は、生物が競争相手のいない生

【図13-1】ハワイミツスイの仲間。約500万年前、ハワイに飛来し、適応放散の結果、短い間に数十種に多様化した例だ。©US Fish and Wildlife

態的地位（ニッチ）に広がるときに起きるのである。

スノーボールアースのような氷河時代の直後は、地球全体で生物が激減していたはずだ。生き残った生物にとっては、競争相手のいない広大な土地が、眼の前に広がっていたことだろう。しかも、酸素濃度も高くなっていた。まさに夢のような状況だった。そうして多細胞生物は、一気に地球全体に適応放散したのではないだろうか。スノーボールアースは酸素濃度の上昇と適応放散の舞台を準備することによって（やや証拠不足だが、たぶん）、生物の進化に大きな影響を与えたのだ。おそらくアバロン爆発の引き金を引いたのは、スノーボールアースを含む氷河時代の終了だったのだろう。

アバロン爆発以来、エディアカラ生物群は世界中に広く分布していた。しかし、エディアカラ紀の終わりには、そのほとんどが姿を消してしまう。ところが、アバロン爆発からわずか4000万年後に、再び生物界に爆発が起こった。それは、カンブリア爆発と呼ばれている、進化史上最大と言っても過言ではない爆発だった。

第5部　生物に満ちた惑星（5・4億年前〜）

第14章　カンブリア爆発

ダーウィンの悩み

科学者も人間なので、つい自分に都合のよいデータを集めてしまう傾向がある。しかし、研究をする上で大切なことは、自分に不利なデータをさがすことである。自分で自分の仮説を反証しようと思って実験をデザインしたり、自然を観察したりするのだ。それでも仮説を反証できなければ、少なくとも自分を納得させることはできるだろう。そして本来は、他人を説得するよりも、自分を納得させる方が難しいはずなのだ。自分の研究について最もよく知っているのは自分なのだから、研究の弱点もよく知っているはずだからだ。

チャールズ・ダーウィンの『種の起源』は、そういう意味で誠実な著作である。ダーウィンは自分の進化仮説に不利なデータや反論についても、かなりのページを割いている。そしてその中には、当時のダーウィンには答えることができなかった問題もある。その1つが「カンブリア爆発」だ。

生物は進化の産物である。だから最初の生物は、小さくて簡単な構造だったろう。その中から少し複雑な生物が現れてくる。もちろん、ほとんどの生物は簡単な構造のままなのだが、複雑になっていく生物も少しはいるわけだ。そして、ついには目があって、肢《あし》があって、硬い殻があって、脳もあるような複雑な生物が現れた。現在の地球上で最も複雑な生物、つまり動物だ。ダーウィンの考えた進化は、こんな感じであった。

ところが、化石記録はそうではなかった。ダーウィンの生きていた時代にも、化石はたくさん見つかっていた。だが、ある時代を境にして、それより古い化石がぱったりと出なくなる。その時代とは、カンブリア紀である。カンブリア紀より古い地層からは、化石がまったく見つからないのだ。ダーウィンの時代に知られていた最古の化石は、カンブリア紀の地層から産出した三葉虫であった。

三葉虫には目があって、肢があって、硬い殻があって、そして脳もある。とても複雑な生物だ。生物がゆっくりと少しずつ進化するのであれば、いきなり三葉虫が出現するわけはない。最初の生物が三葉虫であるはずはないのである。ダーウィンは『種の起源』の中で、こう述べている。

「なぜ私たちは、シルル紀（現在ではカンブリア紀に相当する）よりも古い時代の地層から、化石を豊富に含む堆積物を発見できないのかという疑問に、私は満足な答えを与えることができない」

これまでの章で述べたように、もちろん現在ではカンブリア紀以前の古い地層からも、化石が見つかっている。とはいえ、カンブリア紀よりも古い地層と新しい地層では、化石の産出量が全然違う。化石は、特に動物の化石は、カンブリア紀以降になると量も種類も爆発的に増加するのだ。カンブリア紀は進化の歴史の中で、非常に重要な時代なのである。ではなぜ、カンブリア紀になると、動物が爆発的に多様化したのだろうか。その原因を考える前に、まず事実関係を確認することにしよう。

カンブリア紀の前から動物はいた

現在生きている動物は、30以上のグループに分類されている。このグループを「門」という。これらのグループの中で、最も原始的なボディプラン（体の基本構造）を持っているのは、海綿動物門である。海綿動物門は神経系を持たない数少ない動物門の1つで、たいてい壺のような形をしている。多くの動物のように左右対称のボディプランをしていない。ちなみに、海綿動物門、刺胞動物門、有櫛《ゆうしつ》動物門、板形《ばんけい》動物門以外の動物を左右相称動物という。海綿動物の壺のような体の内側の壁には、鞭毛のある襟《えり》細胞が並んでいて、食物を取り込んで消化する。この襟細胞の形が、原生生物の襟鞭毛虫に似ているので、動物の起源は襟鞭毛虫ではないかと、以前から言われていた【図14-1】。また、DNAによる分子系統解析からも、動物と襟鞭毛虫の近縁性が示さ

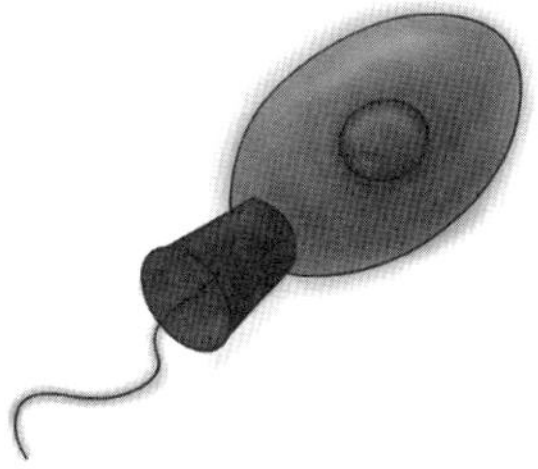

【図14-1】襟鞭毛虫の想像図。この単細胞生物の仲間が動物の起源ではないかといわれている。©Mateus Zica, 2005

された。したがって動物は、襟鞭毛虫という単細胞生物が多細胞化して進化したものだと考えられている。

動物の最古の化石も、おそらく海綿動物のものである。前章でも述べたが、エディアカラ紀の初期には、すでに海綿動物はいたと考えられている。しかし、少し不思議なのは、前章で述べたエディアカラ生物群には、海綿動物の化石が含まれていないことだ。エディアカラ生物群が生きていたのは、約5億7500万年前から5億4000万年前頃なので、すでに海綿動物は現れていたはずだ。しかもエディアカラ生物群には、刺胞動物や、もしかしたら軟体動物や節足動物など、海綿動物より後に出現したと考えられる動物も含まれているのである。生息する環境が異なっていたのだろうか。ちなみに、すぐ後で述べるクラウディナもエディアカラ紀の生物だが、その化石はエディアカラ生物群とは一緒に産出しない。

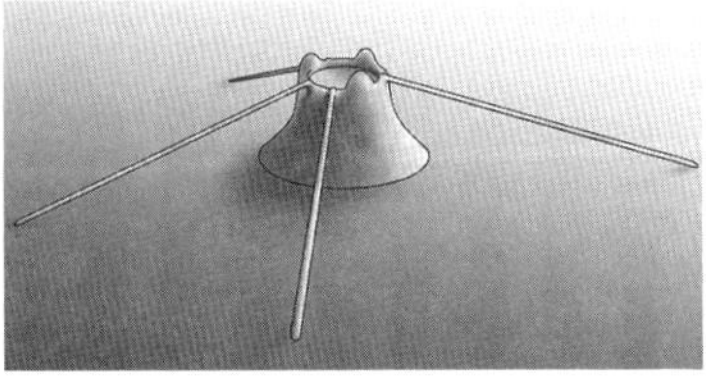
【図14-2】コロナコリナの想像図。硬い骨格を持った、エディアカラ生物群の1種。©Daniel Garson for Droser lab, UC Riverside

エディアカラ紀も末期になると、硬い骨格を持った生物が現れてくる。約5億6000万年前〜約5億5000万年前に生きていたコロナコリナは、エディアカラ生物群の1種である【図14-2】。高さ2センチメートルくらいのプリンのカップを逆さまにしたような体から、30センチメートルほどの真っ直ぐな針が4本のびていた。柔らかい物はなかなか真っ直ぐには伸びないので、この針は硬いものでできていたと考えられる。炭酸カルシウムのような鉱物でできていたと思われるが、キチン質のような有機物でできていた可能性もある。おそらく動物だと思われるが、もしかしたら違うかも知れない。

エディアカラ紀の最末期、およそ5億5000万年前から5億4000万年前頃の地層からは、クラウディナの化石が産出する【図14-3】。直径数ミリメートルの底の抜けた紙コップが重なったような動物だ。この紙コップは硬組織（骨格と言ってもよい）で、炭酸カルシウムが含まれている。同じような形の炭酸カルシウムの硬組織を持つものがいることから、環形動物（ミミズやゴカイなどの環虫類）ではないかとも言われたが、海綿動物や古杯動物と考える研究者もいる。よく分からないが、少なくとも動物ではあろう。

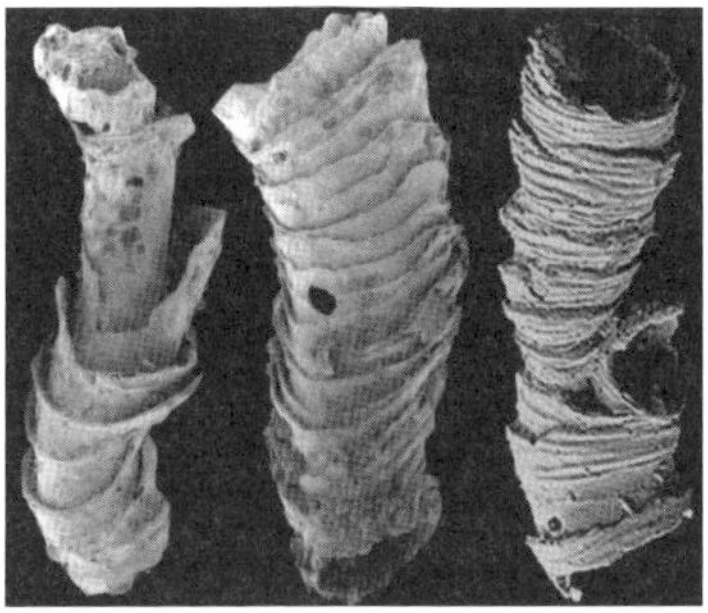

【図14-3】エディアカラ最末期の地層から発見されたクラウディナの化石。動物と思われる。写真：www.backtothepast.com.mx

動物が残したと思われる這い跡の化石も、カンブリア紀よりも古い地層から発見されている。ウルグァイで発見された約5億8000万年前のものは、2本の線が平行に並んでおり、左右相称動物のものである可能性が高い。だが、ほとんどの這い跡の化石は1本の溝である。おそらくは小さな細長い、いわゆる蠕虫《ぜんちゅう》のような動物が残したものであろう。

カンブリア紀とはどんな時代か

カンブリア紀はおよそ5億4100万年前〜4億85

00万年前までの時代である。カンブリア紀以前から、小さな動物が海底を這いまわった跡は見つかっていたが、カンブリア紀になると、這い跡がとつぜん複雑な形になり、しかも表面だけではなく海底から10センチメートル以上深くもぐった跡も見つかるようになる。実は、このような這いまわった跡が変化する時期を（正確にはトリコフィスム・ペドゥムという生痕化石が出現する時点を）、カンブリア紀の始まりとしているのである。だいたい5億4100万年前だ。カンブリア紀は「テレヌーブ世」「第二世」「第三世」「芙蓉世」の4つの「世」に分けられ、さらにそれらが10の「期」に分けられている。最初が「テレヌーブ世・フォーチュン期」で、複雑な生痕化石が見つかり始めた時代である。

フォーチュン期が始まってからおよそ1000万年が経つと、「テレヌーブ世・第二期」と呼ばれる時代になる。第二期になると、小さな貝殻のような化石が、世界中の地層から見つかり始める。これはだいたい1ミリメートルか、それ以下の小さな化石で、微小有殻化石群と呼ばれている。実は、微小有殻化石群はフォーチュン期から産出し始めるのだが、第二期になると一気に産出量が増えるのだ。これらの生物の軟体部、つまり本当の体がどんな形をしていたのかはわからない。したがって、現在の生物との関係は必ずしも明らかではないが、動物であることだけはたしかであろう。

さらに1000万年が経過して約5億2000万年前になると、三葉虫の化石が見つかり始める。この三葉虫の出現をもって「第二世・第三期」の開始と定められている。ちなみにテレヌーブ世（フォーチュン期と第二期）を「先三葉虫期」ということもある。第三期になると、急に大きくて複雑な動物の化石がたくさん見つかるようになり、動物の爆発的な多様化が起きたことがはっきりと分かるのだ。

「カンブリア爆発」と伝統的に呼ばれてきたのは、この第二期と第三期である。ほぼ1000万年の間に、世界中から微小有殻化石群が産出し始め、三葉虫が現れ、さまざまな形をした動物が一気に出現したのである。

ただし、現在の動物門のすべてがカンブリア紀に出現したわけではない。研究者によって意見が多少異なるが、現生の動物の30以上の門のうち、カンブリア紀の化石として見つかるのは、大体その半分である。5〜6の動物門はオルドビス紀以降になってから初めて化石が産出する。そして残りの10ぐらいの動物門は、どの時代からも化石が見つからない。しかし、この化石が見つからない動物門に属する動物は、たいてい硬い骨格を持たない小さな動物である。つまり化石が残りにくい動物だ。したがってこれらの動物は、化石は見つからないけれど昔からいた可能性がある。おそらくその何割かは、カンブリア紀に出現したのであろう。以上のことを総合的に考えれば、現生の動物門のだいたい4分の3ぐらいがカンブリア爆発で出現したと考えられる。

ただ、注意しなくてはならないのは、カンブリア爆発で出現していない動物門も、系統としては存在していた可能性が高いということだ。小さな蠕虫《ぜんちゅう》（ミミズのような形の細長い小動物）のような特徴の少ない形をしていれば、化石として見つかりにくいだろうし、もし見つかっても、どの動物門の化石かは分からないだろう。

骨格の誕生

カンブリア紀になると、とつぜん化石がたくさん見つかり始める理由は、おもに2つある。ひとつは、この時期に多くの動物がいっせいに骨格を進化させたからである。骨格は化石に残りやすいからだ。

骨格には、ヒトの骨のように体内にあるので内骨格とよばれるものもあるし、貝殻のように体の外側にあるので外骨格とよばれるものもある。これらはおもに鉱物でできているので、有機物が主成分である体の他の部分（軟体部とよばれる）とはちがって、化石に残りやすい。肉はくさっても骨は残るのである。

カンブリア紀より前にも、クラウディナのように、骨格をつくった動物がまったくいなかったわけではない。だが、それらはほんの少数で、しかもカンブリア紀になる前に絶滅してしまった。現在生きている動物がもつ骨格のほとんどは、カンブリア紀に発明されたものを受け継いでいるのである。

それでは、なぜカンブリア紀になると、いろいろな動物のグループがいっせいに骨格を進化させたのだろうか。海水中のリン濃度が増加したことを理由にあげる研究者もいる。たしかにヒトなどの脊椎動物の骨はリン酸カルシウムでできているので、リン濃度の増加が関係しているかも知れない。しかしカンブリア紀に誕生した骨格は、リン酸カルシウムでできた骨格だけではない。炭酸カルシウムの骨格もあればシリカの骨格もある。したがって、リン濃度だけで全体を説明するのは難しそうだ。

動物のボディプラン

デパートなどのおもちゃ売り場に行くと、ブロックで作られた見事な船などが飾られていることがある。ブロックでできているとは思えないほど細かい所まで精巧にできている。ちょっと作ってみたいなと思うけれど、なかなかそうはいかない。なぜなら、こういう船はものすごく大きいのだ。よほどブロックをたくさん買わなければ、作ることはできないのである。

ブロックが少ししかなければ、簡単なものしか作れないし、作れるものの種類も限られてしまう。しかしブロックがたくさんあれば、複雑なものも作れるし、色々な種類のものを作ることもできるだろう。精巧な船だって、見事なタワーだって、何だって作れるのだ。同じ材料を使うのであれば、複雑化したり多様化したりするためには、まず大型化することが必要なのだ。

カンブリア紀になると、とつぜん化石が見つかり始める2つ目の理由は、動物の多様なボディプランがこの時期に成立したことである。これは裏を返せば、動物の体が大型化したことと言ってもよい。おそらく個体数も増えたであろう。そうなれば、当然化石も増えることになる。

カンブリア爆発とは、動物の系統が分岐して一気に増えたことではない。系統の分岐はおそらくカンブリア紀以前に起きていた。カンブリア紀には既にたくさんの系統に分かれていたのだが、それらの多くは小さな蠕虫のような生物だった。ところがある時、別々の系統に属する動物が一斉に大型化して、心臓ができたり目ができたりした。つまり多様なボディプランが確立された。動物は長い時間をかけて、多様性をゆっくりと増やしていったわけではない。動物の多様性は、カンブリア紀に一気に増大したのである。その現象をカンブリア爆発と呼んでいるわけだ。

カンブリア爆発は、動物の進化史上の大事件である。いったいカンブリア紀に何が起こったのだろうか。

カンブリア爆発の引き金

酸素濃度の増加、海水中のリン濃度の増加、気候の温暖化、あるいは大陸や海洋の分布の変化による生息地の多様化などに、カンブリア爆発の原因をさがす研究者もいる。確かに、こういった環境の変化は、カンブリア爆発が起こるために必要なことだったと考えられる。しかしこれらの変化は、カンブリア爆発が始まる前に、既に落ち着いていたようだ。たとえば酸素濃度は、エディアカラ生物群の時代にはほぼ現在のレベルに達していたと考えられている。これらも関係はしているのだろうが、カンブリア爆発の直接の引き金になったとは考えにくい。

また、ボディプランの多様化には、遺伝子の多様化が必要であろう。だが、多くの研究の結果から、カンブリア爆発より前に遺伝子の多様化はすでに準備されていたようだ。これは考えてみれば不思議なことなので、あとでもう一度検討してみたい。ともあれ、遺伝子の多様化も、カンブリア爆発の直接の引き金になったわけではないようだ。それではいったい何が、最後の引き金になったのであろうか。

食う食われるの軍拡競争

おそらく、カンブリア爆発のきっかけは、生態的な要因だったと思われる。動物を食べる動物が現われたことにより、食べられる側の動物もそれに対抗しなくてはならない。すると、食べる側の動物もさらにそれに対抗する必要がある。そうして、坂をころがり落ちるボールのように、まるで軍拡競争のごとく、一気に動物の多様化や大型化が進んだのだろう。そして、この生態系の変化は骨格の進化をも、うながさずにはおかなかった。食われる側にしてみれば、貝殻のように骨格を防御につかうことはいいアイデアだったにちがいない。いっぽう食う側にすれば、骨格があれば速く動いて獲物をつかまえるのに役に立つ。骨格の進化は食べる側にとっても、食べられる側にとっても、有利な戦略だったのだ。しかし、だからといって、さまざまな動物が同じ時期にそう都合よく骨格をつくれるものだろうか。

骨格をつくる遺伝子は、進化速度が非常に速いことが知られている。たとえば同じ二枚貝であっても、現在のホタテガイとアコヤガイではは貝殻をつくる遺伝子がかなりちがう。ホタテガイとアコヤガイが共通祖先から分岐して、それぞれが進化していくうちに、貝殻をつくる遺伝子はどんどん変化してしまったのだ。しかしこれは逆にいえば、貝殻をつくる遺伝子は比較的なんでもよいということではないだろうか。他の遺伝子にくらべれば突然変異がたくさん起きても、つまり遺伝子がかなり変化してしまっても、貝殻をつくり続けることができたのだろう。おそらく動物にとって骨格をつくることは、わりと簡単なことなのだ。

そこで、食う食われるの軍拡競争にまき込まれたさまざまな動物が、それぞれ手近にあった材料で骨格を作りはじめたのだろう。体が大きくなり、さまざまなボディプランを獲得したうえに、化石に残りやすい骨格まで作りはじめた。それがカンブリア爆発だったのだ。

眼の出現も重要

最初に眼が進化したのはいつだろうか。光を感じるだけの視覚器なら、カンブリア紀よりも前にクラゲなどで進化していただろう。しかし、このような視覚器は化石ではなかなか確認できないので、いつ出現したのかはよくわからない。眼をもっていることがはっきりとわかる最初の化石は、カンブリア紀の三葉虫である【図14-4】。じつはカンブリア紀の直前の地層から、おそらく三葉虫のものであろうと思われる足跡が産出するので、眼の起源はカンブリア紀以前にさかのぼるかも知れない。しかしカンブリア紀になると、眼をもったさまざまな化石が産出しはじめるので、眼がひろまったのはカンブリア紀であるといってよいだろう。

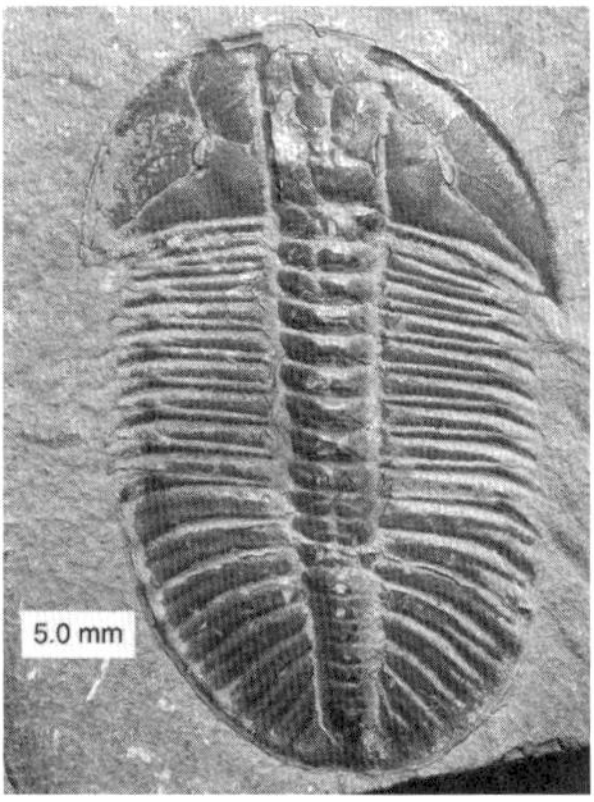
【図14-4】カンブリア紀の代表的な三葉虫オレノイデス。
©Wilson 44691

カンブリア爆発の引き金になったのは、おそらく他の動物をたべる捕食者の出現であった。そうだとすれば、眼が広まったことはカンブリア爆発にとって重要なできごとだったにちがいない。眼があるとないとでは、獲物を見つけたりおそったりするときの成功率にいちじるしい違いがあるはずだからだ。カンブリア紀における最大の捕食者であるアノマロカリスは、大き

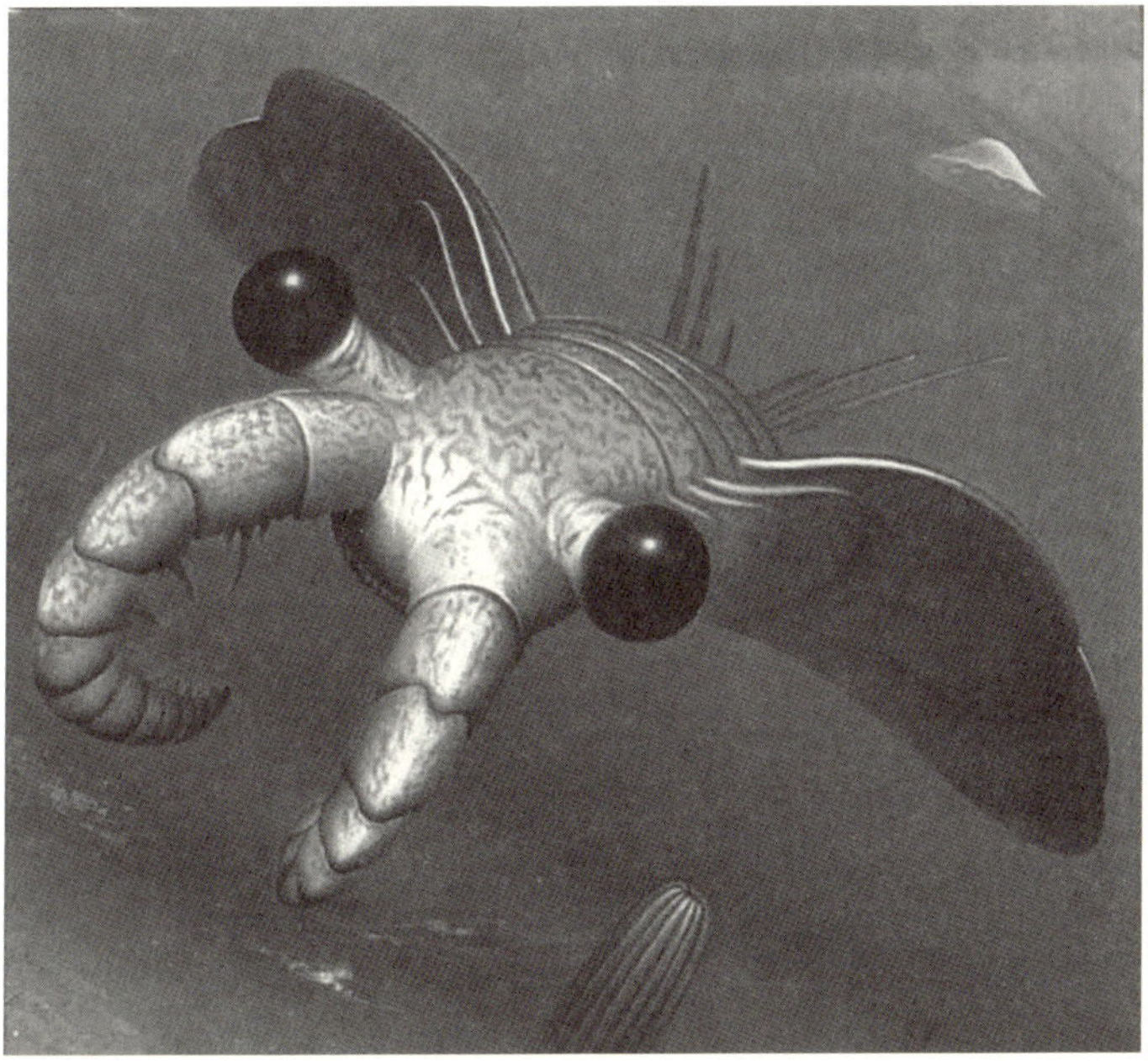

【図14-5】カンブリア紀最大の捕食者アノマロカリスの想像図。大きな眼が特徴だ。図：invader-xan.pbworks.com

な眼をもっていた。もしもカンブリア紀の動物たちが、このアノマロカリスに見つかったら、無事に逃げおおせることなどほとんど不可能だっただろう【図14-5】。

もちろん地球には、以前から光が降り注いでいた。しかし、眼を進化させたカンブリア紀の動物にとっては、光のない世界から光にあふれた世界へという衝撃的な変化だったにちがいない。

だが、そうはいっても、カンブリア紀に眼を進化させた動物は、そう多くはない。カンブリア紀に存在した動物門は、おそらく20門を超えるだろう。その中で眼をもっていたことを化石で確認できるのは節足動物門と脊索動物門と有爪動物門だけである。節足動物ではアノマロカリスをはじめ、さまざまな種が高性能な眼を備えていた。脊索動物として有名なピカイアは眼を持っていなかったようだが、ミロクンミンギアやメタスプリッギナなどの魚類は眼を持っていた。有爪動物の仲間として有名なハルキゲニアは、復元が間違っていたことで有名である。以前は、上下も前後も逆さまに復元されていたのだ。しかし、さすがに現在の復元は正しいだろう。頭部に眼が確認できたからだ。

もちろん化石で確認できた範囲での話なので、この3門以外にも眼をもっていた動物はいたかも知れない。それでもカンブリア紀の動物門に関していえば、眼を持っていない門の方がずっと多かっただろう。カンブリア紀のすべての動物門が、多様なボディプランを確立したのである。したがって、眼の獲得だけでカンブリア爆発を説明することはできないかも知れないが、非常に大きな影響を及ぼしたことは確かであろう。

眼の進化については、進化を否定している人たちもときどき話題にするようだ。もしも眼が自然選択によって進化したのであれば、まだ眼ができる前の途中の段階があったにちがいない。だが、半分できた眼がなんの役に立つのか。そんなものが存在したと考えるのはナンセンスである。眼というものは完成して初めて役に立つのだから、なんらかの目的をもった存在（イメージとしては神のようなもの）が一気につくったのである。こういう考えかたをインテリジェントデザインという。

そういわれれば、なんとなくそうかなと思ってしまう。でもなにか変な気もする。よく読むと、そもそもこの文章のなかには「進化」という現象と矛盾する言葉がつかわれているのだ。それは「完成」という言葉である。

いろいろな眼

ここまでは「眼」というものを、ヒトの眼のようなものをイメージして話を進めてきた。つまりピントを合わせて「形がわかる眼」だ。三葉虫の眼も「形がわかる眼」である。だが、眼にはいろいろな眼がある。眼の性能に注目して大ざっぱに分けると、生物には3種類の眼がある。明暗がわかる眼と、方向がわかる眼と、形がわかる眼だ（視覚器や光受容器などという言葉もあるが、ここでは光を受容する器官はすべて眼と呼ぶことにする）。

光を感じる細胞を視細胞というが、この視細胞がたくさん並んで膜になったものが網膜だ。そして、この網膜が生物の表面にあって、斑点のように見えるものを眼点《がんてん》という。

眼点があれば、生物に光が当たったかどうかはわかる。どちらの方角から光がきたかはわからないが、とりあえず明るいか暗いかだけはわかる。これが「明暗がわかる眼」だ。現在では、刺胞動物のクラゲや扁形動物のプラナリアなどが、この眼をもっている。

網膜の真ん中がへこんで、カップみたいになったものが、杯状眼《はいじょうがん》だ。この杯状眼が上を向いているとしよう。もし右から光がくれば、カップの内側の左側の視細胞にだけ光があたるし、左から光がくれば右側の視細胞にだけ光があたる。つまりどこの視細胞が光に反応したかで、光のきた方向がわかるのだ。これが「方向がわかる眼」だ。現在は、軟体動物のカサガイなどが、この眼をもっている。

ヒトの眼にはレンズがあって、網膜に像を結ぶようになっている。もちろん「形がわかる眼」だ。「形がわかる眼」にはさまざまなものがある。レンズがあるレンズ眼もあるし、軟体動物のアワビのようにレンズのかわりに小さな穴があいているだけの窩状眼《かじょうがん》もある。昆虫のように「形のわかる眼」がたくさん並んで複眼をつくっているものもある。ヒトの眼とタコの眼は、構造がとてもよく似ている。しかし、ヒトの眼は脳（正確には発生の途中の脳胞）からできるがタコの眼は表皮からできるので、実は全然違うものである。

このように現在の生物はいろいろな眼をもっている。ところで、これらの眼を、未完成品の眼と完成品の眼にわけることができるだろうか。

進化に完成はない

いや、そもそも完成とか未完成とかいった概念自体が、進化にはないのである。プラナリアの眼点は未完成品で、タコのレンズ眼が完成品というわけではない。たぶんプラナリアにとっては、眼点の方がいいのだ。複雑なレンズ眼をもっていたら、それを維持するためにたくさん食べなくてはならないだろう。それに、レンズ眼のおかげでいち早く危険を察知できたとしても、プラナリアはたいして速く動けないのだから逃げることができず、結局は同じことかも知れない。とにかくプラナリアの眼点もタコのレンズ眼も、ずっと進化し続けていくことだろう。その結果、さらに複雑な眼に変化するかも知れないけれど、逆に簡単な眼に退化するかも知れないのだ。

そして、これは大切なことだが、どんな眼にも必ず少しは不具合があるのだ。この世に完璧なものはないのだから。したがって、単純な眼からたくさんの中間段階をへて、ヒトのような複雑な眼に進化したと考えることに、なんの不思議もないわけだ。

インテリジェントデザインの主張には「完成品」という概念がある。そこがおかしいのだ。ヒトの複雑なレンズ眼を完成品と考え、それ以外の眼は未完成品だからありえないと考える必要などないのだ。眼は進化し続けるものであって、完成品でも未完成品でもないのである。

ヒトの眼が進化の産物であることを実感するには、眼の数を考えるのもよいかも知れない。現在、ヒトの眼は2つである。しかしヒトの祖先は、眼を3つ持っていた。ヒトの祖先といってもだいぶ昔の話で、数億年も前のことだけれど。

現在でも、ヤツメウナギや一部の爬虫類などは、頭の上に第3の眼をもっている。頭頂眼といわれるこの眼は、明暗を感じることができ、体温調節などに使われているようだ。ヒトでは頭頂眼は退化してしまったので、今では眼は2つしかない。

3つの眼のうち、2つはかなり性能のよいレンズ眼になった。つまり複雑化するように進化してきた。しかしもう1つの眼は退化するように進化した。そして、ついにはなくなってしまった。したがってヒトの眼における進化も、複雑化するばかりではなかったのである。ところでよくある誤解だが、「退化」の反対は「進化」ではない。「退化」というのは生物の器官が単純化したり無くなったりすることである。したがって「退化」も「進化」に含まれるのだ。「退化」の反対は「複雑化」や「発達」である。

ヒトの眼とハエの眼は相同か

ヒトには腕があり、鳥には翼がある。腕と翼では、形も働きも異なる。しかし考えてみれば、ヒトも鳥も元々は四つ足の両生類から進化してきた動物である。そして腕も翼も、両生類の前肢が変化したものなのだ。だから腕も翼も、よく見ると構造が似ているし、体における位置としては同じ場所についている。このように共通祖先においては同じものだったことを「相同」という。

ヒトとマウスの眼は相同である。しかし、ヒトやマウスなどの哺乳類の眼とハエの複眼は、相同ではない。構造もでき方もまったくちがうので、お互いに無関係に進化してきたものだと考えられる。しかし遺伝子のことまで考えると、話が少しややこしくなってくる。

遺伝子はDNAでできているが、この遺伝子が実際にはたらくためには、第7章で述べたように、まずDNAからRNAをつくらなくてはならない。そしてたいていの場合はRNAからさらにタンパク質をつくることになる。このようにして遺伝子が実際にはたらくことを「遺伝子が発現する」という。

ハエの眼（複眼）を作る遺伝子はアイレスと呼ばれている。アイレスは頭で発現するので、ハエの眼はハエの頭に形成されるわけだ。ところが実験室で、このアイレスをむりやり脚で発現させると、脚に眼ができてしまう。翅で発現させると、翅に眼ができてしまう。ちょっとかわいそうな実験だが、とにかくアイレスが眼をつくる遺伝子であることはまちがいなさそうだ。

ところでマウスの眼をつくる遺伝子は「パックス6」という。ハエの眼とマウスの眼は相同ではないので、当然それらを作る遺伝子も別々だろうと予想されていた。ところが遺伝子の塩基配列をしらべてみると、パックス6とアイレスは相同な遺伝子だったのだ。つまりこの2つの遺伝子は、マウスとハエの共通祖先では同じ遺伝子だったので、進化の過程で多少は変化したとはいえ、今でも塩基配列が似ているのだ。実際に、たとえばハエの触角でマウスのパックス6を発現させると、ちゃんとハエの眼がハエの触角にできるのである（相同な遺伝子であることがわかったので、アイレスのことをパックス6と呼ぶこともある）。

それ以降、プラナリアの眼点など、その他のさまざまな生物でも眼を作る遺伝子がパックス6であることが発見された。これはかなり不思議なことだった。どうして眼だというだけで、相同でない器官が相同な遺伝子によってつくられるのだろうか。これにはいくつかの理由が考えられるが、眼が進化するときに、遺伝子の選び方になんらかの制約があったと説明されることが多いようだ。

だが、少し別の見方もできるだろう。パックス6は眼を形成するマスター遺伝子で、実際に眼を作るたくさんの遺伝子に命令する役目をする。複眼をもつ節足動物のパックス6を、カメラ眼をもつ軟体動物のパックス6と取り換えても、節足動物には目ができる。でもカメラ眼ができるわけではない。やっぱり節足動物の複眼ができるのだ。つまりパックス6は、眼を作るか作らないかを決めるスイッチであって、眼の構造を決定する遺伝子ではないのである。洗濯機と冷蔵庫は構造がまったく違う機械である。でも電源を入れるスイッチは、同じものでもかまわないだろう。

マウスやショウジョウバエで、パックス6以外の眼を形成する遺伝子が明らかになりつつある。しかしまだ、眼の構造を作る遺伝子群が相同かどうかを判断できるまでにはいたっていない。眼の遺伝的な形成メカニズムの全体像を描けるようになるのは楽しみだが、まだもう少し先のようである。

なぜ遺伝子の多様化はカンブリア爆発に先行したのか

仮に、大学に入るのには莫大な学費を払わなければならないとしよう。そんな学費を払うためには、宝くじにでも当たらなければいけない。ということで、たまたま宝くじに当たった10人が大学に入学したとする。

そんな事情をまったく知らなかった大学の先生は、とても驚いた。今年、大学に入学した学生は、全部で10名である。その全員が宝くじに当たったことがあるというのだ。何という偶然だろう。こんなことは奇跡である。大学の先生がそう思ったのも無理はない。

でも、こんなことは驚くにはあたらない。入学してきた10人が、たまたま宝くじに当たっていたのではない。宝くじに当たったから、入学してきただけなのだ。

カンブリア爆発に先行して、すでに遺伝子が多様化していた理由も、これと同じではないだろうか。前もって遺伝子が多様化していた。そう考えれば不思議である。遺伝子がカンブリア爆発を予想して、準備をしてくれたはずはないからだ。でも、こうは考えられないだろうか。

動物は、襟鞭毛虫という単細胞生物から進化した可能性が高い。だが、もちろん襟鞭毛虫だけが単細胞生物というわけではない。現在と同様に、カンブリア紀以前にも多くの単細胞生物がいたのである。そしてその中には、たまたま大規模に遺伝子が重複した結果、多様な遺伝子のセットをもつことになった単細胞生物もいたであろう。いわば、宝くじに当たった単細胞生物だ。そういう単細胞生物が、複雑な多細胞生物に進化したのではないだろうか。そしてこの地球では、それがたまたま襟鞭毛虫で、その結果、たまたま動物が進化したということだ。

もしも、襟鞭毛虫ではない単細胞生物で、たまたま大規模な遺伝子重複などが起こっていたら……。そのときは、動物とは異なる複雑な多細胞生物が、地球上で進化していたかも知れない。緑藻が多細胞化して植物に進化したときにも、遺伝子の多様化は前もって起こっていたという報告もある。もしそれが正しければ、やはりその結果も、この考えを支持しているように思える。もしも大規模な遺伝子重複が起こったのが緑藻ではなく褐藻だったら……そのときは、私たちが現在目にしている植物の葉は、今のような緑色ではなかったかも知れないのである。

第15章　生物の陸上進出

不毛の大陸

生物が陸に上がる前の地球の表面は2色だった。青い海と茶色い陸地だ。氷河などで白い部分や鉄がさびて赤い部分も少しはあっただろうが、大部分は2色だったと考えてよいだろう。緑色の植物が1本もない不毛の大地だが、陸の上はとても清潔だ。もしもあなたが、そこに食べかけの料理を放置しておいても、いつまでも腐ることはない。細菌がいないからだ。生物が進出する前の陸上は、こんな感じだったろう。

最初に上陸した生物はおそらく細菌である。およそ26億年前の南アフリカの地層から、陸上で成長したと考えられるバクテリアマットらしきものが報告されている。だが、このバクテリアマットの化石が本物だとしても、生物が本格的な陸上進出を果たすのは、まだまだ先のことである。

およそ27億年前に地磁気が形成されて、太陽風が地表に届かなくなると、生物は浅い海に進出した。海岸の近くの洞窟や海辺の岩陰なども陸上と考えれば、生物は20億年以上前から上陸を果たしていた可能性が高い。そこには太陽光がほとんど当たらないからである。しかし太陽光が直接降り注ぐいわゆる陸上には、生物はなかなか出ていけなかった。その理由は太陽から降り注ぐ強力な紫外線であった。

夜中に分子生物学の研究室に入ると、たいてい部屋の隅から青い光が漏れている。それはクリーンベンチなどについている紫外線ランプの光である。クリーンベンチというのは無菌操作をする装置で、細菌を新しい培地へ植えかえる時などに使う。そこで、夜中などクリーンベンチを使っていないときには、紫外線ランプをつけっぱなしにして、装置の中を殺菌しておくのである。紫外線はDNAを破壊するので、強力な紫外線のもとでは生物は生きていくことができないのだ。

だが紫外線は、水に吸収される。紫外線はエネルギーの低いものから、A、B、Cの3種類に分けられるが、DNAを破壊するのは紫外線Cだ。この紫外線Cは水深10メートルでだいたい半分に減衰する。これは純水の場合で、実際の海には色々なものが溶けている。したがって紫外線Cは、実際の海ではもっと速く減衰するはずだ。これなら生物は、深海はもちろんだが、かなり浅い海でも生きていくことができる。しかし陸上は無理だ。陸上は、紫外線できれいに殺菌されていたのだから。

オゾン層の形成

生物が陸上に進出するためには、紫外線を何とかしなくてはならない。だが、この紫外線から生物を守るための手段を、たまたま生物は準備していたのだ。それは酸素である。

ここで酸素というのは、酸素分子（O_2）のことだ。酸素分子に紫外線が当たると、分解されて酸素原子（O）2個になる。この酸素原子が、周囲にある酸素分子と結合してオゾン（O_3）ができる。このオゾンに紫外線が当たると、酸素原子と酸素分子に分解される。つまり酸素がオゾンになったり、逆にオゾンが酸素になったりしながら、紫外線を吸収し続けるのだ。

浅海に進出した生物の中には、光合成を始めたものもいた。その中でも酸素発生型の光合成をするラン藻によって、大気中には酸素が蓄積していった。そしてその結果、地球の大気にはオゾン層が形成されたのである。

おそらく22億年前には、大気中の酸素は現在の100分の1程度には達していた。これだけ酸素があれば、オゾン層を形成するのに十分である。しかしこの濃度では、オゾン層ができるのは地表付近だけで、上空にオゾン層を形成することはできない。なぜなら、大気は地表付近では濃いが、上空に行くほど薄くなってくるからだ。したがってこの段階では、オゾン層を形成するために十分な酸素があるのは地表付近だけなのだ。そうすると紫外線は、完全にオゾン層に吸収される前に地表まで届いてしまう。さらにオゾン自体も強い酸化作用をもっているために、生物にとっては有害な物質だ。これでは陸上は、まだ生物にとって住みやすい環境だとは言えないだろう。おそらく6億年ほど前になって、やっと酸素濃度がほぼ現在のレベルまで到達した。これなら上空にオゾン層を作ることができる。やっと陸上が、生物の住める環境になったのである。ちなみに現在のオゾン層は成層圏にあり、高さはだいたい20～25キロメートルである。

植物と動物の上陸

最初に上陸した生物が、細菌であったことはほぼ疑いない。では真核生物の中では、何が最初に陸上に進出したのだろう。

現在でも火山が噴火して溶岩が流れ出すと、すべての生物が死滅した裸地が形成されることがある。まだ生物が上陸していない大昔の陸地に、少し似ている。細菌を別にすれば、最初にこのような不毛の地に進出してくるのは、たいてい地衣類である。地衣類は菌類（カビやキノコの仲間）と藻類の共生体で、乾燥に強く、植物が生育できないような過酷な環境でも生きていくことができる。地衣類が岩肌などに住み始めると、岩石がもろくなって風化が促進され、有機物も堆積していく。こうして土壌が形成されてから、植物は進出してくるのだ。

このような現在の生態系から類推すると、藻類や菌類が、植物よりも先に陸上に進出した可能性が高い。だが、おそらく地衣類は化石に残りにくいのであろう。植物よりも古い地衣類の化石は見つかっていない。

最初に植物が上陸したのはオルドビス紀と考えられている。4億7500万年前の胞子や表皮の破片の化石が、発見されているからだ。胞子はゼニゴケの胞子にやや似ているようだが、どんな形の植物だったのかはよくわからない。それでも気孔やクチクラ（表皮細胞が分泌して作る硬い層）のある表皮、そして水や養分を運ぶ通道組織といった陸上生活への適応と考えられる特徴が見つかっているので、オルドビス紀に植物が上陸していたことは間違いなさそうだ。

一方ＤＮＡなどの分子系統の解析からは、植物は緑藻の中のシャジクモ藻の仲間から進化してきたことがわかっている。やはり分子系統の解析から、植物の中で最初に現れたのがコケの仲間であることも確実視されている。実際、現在のコケとシャジクモ藻類の間には、いくつもの共通点がある。コケの胞子は発芽すると、糸状の原糸体を枝分かれさせながら、地表に伸ばしていく。これは顕微鏡で見ても、シャジクモ藻類と区別することは難しい。さらにコケの精子の形や微細構造は、シャジクモ藻類の精子とそっくりなのだ。

現在のシャジクモ藻類は淡水生である。したがっておそらくは、海から川や湖に進出したシャジクモ藻類が上陸して、ゼニゴケのような植物になったのであろう。だが残念ながら、コケは化石に残りにくいので、はっきりコケとわかる初期の化石は見つかっていない。ちなみに形の分かる最古の植物は、シルル紀中期のクックソニアである。クックソニアは、現在の植物のどのグループに近いのかよくわからない。根も葉もなく、茎の先端に胞子嚢がついているだけの、緑色の生物であった【図15-1】。

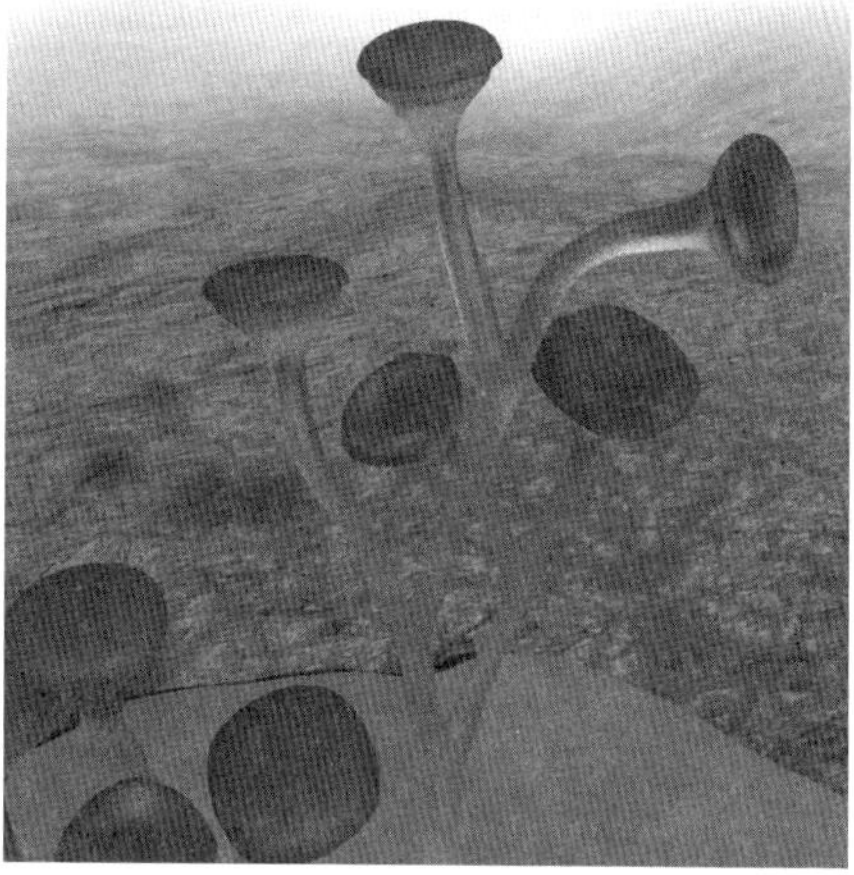

【図15-1】形の分かる最古の植物であるクックソニア。根も葉もなく緑色をしていた。©Smith609

動物が最初に陸上に残した化石は、オルドビス紀の足跡で、およそ4億8000万年前のものである。おそらくはクモかムカデのような節足動物のものであろう。ただ、海岸近くの砂丘につけられたものなので、もしかしたら海に棲んでいるウミサソリか何かが、海岸に打ち上げられた時につけた足跡かも知れない。確実な地上性の動物の証拠としては、シルル紀のプネウモデスムスの体化石が最古のものである。これは節足動物で、おそらくはムカデの仲間である【図15-2】。

それでは、私たちの祖先である脊椎動物は、いつ上陸したのだろうか。

シーラカンスの進化速度

伝統的な分類では、魚類を「無顎類《むがくるい》」と「顎口類《がくこうるい》」に二分することが多い。顎《あご》がないのが無顎類で、顎があるのが顎口類だ。進化的には無顎類の方が先に現れ、古生代には隆盛を極めた。現在知られている最古の魚類、カンブリア紀のミロクンミンギアも無顎類である。今では無顎類も、だいぶ数が減ってしまったが、それでもヤツメウナギやヌタウナギなどが現在でも生息している。

【図15-2】確実な陸上動物の最古の体化石はプネウモデスムス（節足動物と考えられる）のものだ。図：EVOLUTION：MAKING SENSE OF LIFEより

顎がある顎口類は、サメやエイなどの「軟骨魚類」と、その他の「硬骨魚類」に分類される。そして硬骨魚類は、さらに「肉鰭類《にくきるい》」と「条鰭類《じょうきるい》」に分類される。条

【図15-3】シーラカンスは3億年以上にわたって形態をあまり変えていない、「生きた化石」だ。©Alberto Fernandez Fernandez

鰭類というのが、いわゆる普通の魚である。胸鰭《むなびれ》が体に直接ついているのが特徴で、マグロやサケなどが含まれる。大体3万種ほどが知られている大きなグループだ。それにひきかえ肉鰭類は10種ぐらいしかいない。しかし私たちは、この肉鰭類の仲間から進化したと考えられている。

肉鰭類とは、ハイギョやシーラカンスの仲間である。胸鰭が体に直接つながっていなくて、その間に少なくとも1本の骨がある。シーラカンスを見ると、鰭と体の間に腕のような構造があるのがよくわかる。シーラカンスは古生代のデボン紀に出現し、中生代の終わりには絶滅したと、かつては考えられていた【図15-3】。だから1938年に生きたシーラカンスが発見されたときは、大きなニュースになったのだ。シーラカンスは3億年以上に渡ってその形態を、ほとんど変化させていなかったのである。まさに「生きた化石」だったのだ。

ところで、形態があまり変化していないのなら、遺伝子もあまり変化していないのだろうか。実際に調べてみると、シーラカンスの遺伝子の進化速度は、251個の遺伝子について平均すると、大体ヒトの半分だった。これだけを聞くと、確かに生きた化石の遺伝子は進化速度が遅いように思える。だが、そうではないのだ。

私たちはヒト（学名はホモ・サピエンス）という種だ。そして300万年前に生きていたヒトの祖先は、アウストラロピテクスか、あるいはそれに近い生物だったと考えられる。ヒトとアウストラロピテクスでは、かなり姿が異なる。その違いは、3億年前のシーラカンスと現在のシーラカンスの違いよりも、大きいかも知れない。形態の進化速度を見積もることは難しいので、ここでは思い切って大ざっぱに考えて、ヒトとアウストラロピテクスの形態の違いと、3億年前と現在のシーラカンスの形態の違いは、同じ程度だったとしよう。ヒトは300万年で、アウストラロピテクスから形態を変化させた。ところがシーラカンスは同じ程度の変化をするのに、3億年もかかったことになる。だからこそ生きた化石なのだが、その変化のスピードは、ヒトの100分の1である。ヒトとアウストラロピテクスの違いの方が大きいとすれば、ヒトの100分の1以下の進化速度ということになる。

ヒトの形態の進化速度は、おそらくシーラカンスの数百倍である。一方、ヒトの遺伝子の進化速度は、大体シーラカンスの2倍である。形態の進化速度に比べれば、遺伝子の進化速度はだいたい同じであると言ってもよさそうだ。

そもそも遺伝子の進化速度は、かなり変化しやすいのだ。ヒトの遺伝子の進化速度はシーラカンスの2倍だと言ったが、魚のフグはヒトよりも速く、シーラカンスの3倍だ。以前に私が、カタツムリなどの殻を作る遺伝子を調べたときは、カタツムリの仲間の間で進化速度に4倍の開きがあった。また、海に棲む単細胞生物である放散虫の遺伝子を調べたときには、進化速度が12倍も違っていた。ヒトとシーラカンスの遺伝子の進化速度の違いなど、誤差の範囲と言ってよいだろう。形態の進化速度と、遺伝子の進化速度は、ほとんど関係がないのだ。シーラカンスのように生きた化石だからといって、遺伝子の進化速度が特に遅いわけではないのである。

ヒレから肢へ

私たちも含めて陸上に生息する脊椎動物は、肉鰭類から進化した。分子系統解析によると、シーラカンスではなくハイギョのグループから進化したらしい。私たちが陸上を歩くために使っている肢は、肉鰭類のヒレが変化したものなのだ。

エウステノプテロンは3億8500万年前（デボン紀後期）の肉鰭類である【図15-4】。ハイギョやシーラカンスとおなじ肉鰭類の仲間だ。陸にも上がれる水辺の動物は、ワニやカエルのように眼が頭の上の方についていることが多い。しかし、エウステノプテロンの眼は、頭の横についている。しかも体は流線型だ。エウステノプテロンが、完全に水中で生息していたことは、まず間違いないだろう。

【図15-4】陸上の脊椎動物は肉鰭類から進化した。その1つエウステノプテロンは水中に生息していた。図：林原自然科学博物館

だが、エウステノプテロンのヒレは、少し変わっている。普通の魚（条鰭類）のヒレは、根本

【図15-5】ティクターリクの眼はカエルのように頭の上についているため、水面から辺りを伺うことができたにちがいない。この図のように陸に上がることはほぼなかったと考えられる。©Zina Deretsky, National Science Foundation

から放射状に伸びた骨で支えられている。一方、エウステノプテロンなどの肉鰭類のヒレは、根本に1本の骨があり、その先にヒレがついている。まるで腕があって、その先に、手の代わりにヒレがついているようだ。

やはりデボン紀後期の肉鰭類だが、エウステノプテロンよりも1000万年ほど後に現れたティクターリクのヒレはもっと凄い【図15-5】。腕の先には手首のような構造があって、さらにその先にヒレがついている。つまりティクターリクは、ヒレを水の底につけて、腕立て伏せのような動きができたということだ。しかもティクターリクの眼は、カエルのように頭の上についている。おそらく水面に浮かんだときに、眼を水の上に出して、辺りを伺うことができたに違いない。

ティクターリクよりもさらに1000万年ほど後に現れたアカントステガには、指があった

【図15-6】アカントステガには指があった。肢の基本的構造はヒトと変わらない。しかし、水中に生息していた。©Dr.Günter Bechly

【図15-6】。その指は私たちと違って8本もあったけれど、アカントステガの肢は、もう私たちの肢と基本的には変わらない構造をしていたのだ。肢の長さはちょっと短いけれども、何とか歩くことはできそうだ。しかし不思議なことに、アカントステガは水中で生活をしていたらしい。アカントステガには、大きい尾ビレがあったからだ。こんな大きな尾ビレを引きずりながら陸上を歩いたら、たちまち尾ビレがズタズタになってしまうだろう。しかも骨格の形からみて、アカントステガにはエラがあったと考えられる。おそらく陸に上がることはなく、完全に水中で生活していたのであろう。

アカントステガと同じ時期に生きていたイクチオステガは、陸上に上がることもあったらしい【図15-7】。イクチオステガも、ちゃんと指のある肢を持っていた。後肢の

【図15-7】アカントステガと同じ時期に生息していたイクチオステガ。陸上に上がることもあったようだ。©Nobu Tamura

指は7本だ。実は前肢の指の本数は、化石がないのでわからない。でも前肢にも、何本か指はついていたであろう。後肢は小さくて、水かきのような形をしている。しかし、肩や前肢は大きくて頑丈だ。おそらく現在のアザラシのように、主に前肢を使って体を引きずるようにして、陸上を移動したのではないだろうか。尾ビレはあるが、アカントステガのような立派な尾ビレではない。それに尾の下側にはあまり尾ビレがないので、少しぐらい陸上で尾を引きずっても大丈夫そうである。

これらの化石から類推すると、私たちの肢は、すでに水中にいるときに完成していたらしい。肢は、上陸するために進化したのではなさそうだ。それでは肢は水中で、いったい何の役に立つのだろう。1つの可能性としては、オスがメスを抱きかかえるために進化したという説がある。両生類のなかには、オスが精包というふくろの中に精子を入れて、それをメスに渡して授精するものがある。体内受精の一種である。このときオスは、メスの体に肢を巻きつけて、受精が確実におこなわれるようにするのである。これを包接というが、この包接のために肢が進化したというのである。現在生きている条鰭類や両生類の中には、体内受精をするものがけっこういる。したがって、初期の四肢動物が包接をしていた可能性は、確かにあるだろう。

しかし、そんな難しいことを考える必要はないかも知れない。実は、肢が水中で進化することは、そう珍しいことではないからだ。古生代の海にたくさんいた三葉虫もウミサソリも、完全に水中で生活していたにもかかわらず、ちゃんと肢をもっていた。いや現在だって、エビのように、肢をもっている水生の動物は珍しくない。肢があれば、海底を歩くときにも、何かにつかまるときにも、あるいは浅瀬で水草をかき分けるときなどにも、けっこう役に立つに違いない。おそらく上陸するために肢が進化したのではなく、水中で肢が進化した動物の一部が上陸したのだろう。

肺も水中で進化した

実は同じようなことが、肺についても言える。現在生きている硬骨魚類の中には、肺を持っているものがけっこういる。金魚が水面に浮かんできて、口をパクパクさせることがあるが、あれは空気を吸っているのだ。もちろん現在では、空気呼吸ができない魚類もたくさんいる。それは肺が肺としての機能を失って、うきぶくろという器官に変化したからだ。でも昔の硬骨魚類は、みんな空気呼吸ができたらしい。にわかには信じられないような話だが、どうやらこれは事実のようだ。ハイギョや、アフリカに棲んでいるポリプテルスという淡水魚などは、原始的な特徴を残している魚類のグループである。それらはたいてい肺を持っていて、空気呼吸ができるのだ。

水中には酸素が少ししか溶けていない。分子数で比べれば、だいたい空気中の数%しかない。

私たちは登山をして5000メートル級の山に登ると、高山病に苦しむことになる。でもそこには、まだ地上の半分ぐらいの酸素はあるのだ。半分でも苦しいのだから、もし数%だったらとても生きていくことはできない。たとえエラをもっていたとしても、私たちが水中で生きていくことは無理だろう。魚は酸素の少ない水中で、けっこう苦労しているのである。ちょっとしたことで、すぐに水中は貧酸素状態になってしまうのだ。だから念のために、エラだけでなく肺もあった方が安心だ。初期の硬骨魚類がエラと肺を両方持っていたのには、そんな事情も関係しているのであろう。

ただ、これまでに述べたような進化が、一直線に起こったわけではない。実際には、陸上に上がった種もいれば、水中に戻った種もいたはずだ。たとえばアカントステガにしても、ある程度は陸上に住んでいた祖先から、水中へ戻るように進化した種である可能性も指摘されている。その場その場ではランダムな方向に進化しながら、結果的には空いていた陸上へと、生息域を広げていったのであろう。

信じられない足跡

子供の頃に読んだ本で、数億年前の足跡の写真を見たことがある。驚くべきことに、それは靴を履いて歩いたと思われる足跡で、波模様のような靴の底の模様がはっきりと残っていた。もちろん何億年も前に、人類がいたはずもない。写真の説明には、これは宇宙人が地球を訪れたときに残した足跡だと書いてあった。衝撃だった。私は半信半疑で、ということはつまり半分は信じて、その写真を見つめていた。もちろん、それはインチキ写真だったのだが。

　ポーランドで発見された約3億9500万年前の足跡の写真を見たとき、私は子供の頃に見た宇宙人の足跡を思い出した。ポーランドの足跡はおそらく陸上生活をしていた四肢動物のものだ。だが最初、私は半信半疑だった。もちろん宇宙人の足跡とは違って、ポーランドの足跡は本物だろう。だが、年代が古過ぎるのだ。3億9500万年前といえば、エウステノプテロン【図15-4】よりもさらに1000万年も古いことになる。やっと少しだけ肢に似たヒレを進化させたエウステノプテロンが、陸に上がることもなく水中を泳いでいた時代より前に、陸上を歩いていた四肢動物がいたことになる。

　ひょっとしたら脊椎動物の陸上進出は、何回も起こったのかも知れない。3億9500万年前にポーランドを歩いていた四肢動物は、最初に陸上に進出した脊椎動物で、その後子孫を残すことなく絶滅してしまった可能性もある。イクチオステガの仲間は、2回目に陸上に進出した脊椎動物だったのだろうか。ティクターリクは、陸上を自由に闊歩する四肢動物を横目で見ながら、水辺に住み続けた系統だったのかも知れない。

　現時点では、ポーランドの足跡を残した生物については、詳しいことは分からない。だが、この足跡が発見されたことで、はっきりと分かったことが1つある。それは、エウステノプテロン、ティクターリク、アカントステガ、イクチオステガなどの化石から推測された陸上進出のシナリオは、脊椎動物の陸上進出の一側面でしかないということだ。

　まだまだ化石記録は不完全なのだ。私たちが知らない、生物の豊かな歴史がたくさんあるのだ。

きっとこれからも、衝撃的な化石が発見されることがあるだろう。そして、多くの人を半信半疑な、しかしワクワクした気持ちにさせてくれることだろう。まあ、宇宙人の足跡は無理かも知れないけれども。

第16章　大森林の時代

湿潤な石炭紀

現在の地球では、ユーラシア大陸や南北アメリカ大陸など、大陸がいくつかに分かれて存在している。しかし過去には、すべての大陸が1つにまとまって、超大陸を形成していた時期が何回かあった。最後の超大陸はだいたい2億5000万年前、古生代の終わりから中生代の初めにかけて存在したパンゲアである。イクチオステガ（P191【図15-7】）が水辺に住んでいたのはデボン紀だったが、その次の時代である石炭紀は、超大陸パンゲアが形成されつつある時代であった。

つまり石炭紀には、大陸と大陸がぶつかり合っていたのだ。大陸と大陸がぶつかれば、大陸がつぶれて変形して高い山脈ができる。すると空気の流れが山脈にぶつかり、雨を降らせる。湿った気候になる。現在の日本で、冬に日本海側で雨や雪が多いのと同じ理由だ。雨は川になり、山から土砂を運ぶ。川は氾濫を起こし、広い範囲に湿原が広がっていた。これが石炭紀の典型的な風景であった。

すでに陸上に生物は進出していたが、その数は少なかった。やはり陸上の乾燥した気候は、生

【図16-1】石炭紀になると生物が陸上に広がっていった。石炭紀初期の両生類ペデルペス。©DiBgd from en.wikipedia.org

物にとって厳しい環境だったのだろう。しかし石炭紀になると、湿潤な環境に後押しされて、生物が陸上に広がっていく。気候が温暖だったこともあり、地上はシダ植物や裸子植物の大森林に覆われた。昆虫が空を飛び、両生類も多様な進化を遂げていった。

たとえば、石炭紀初期の両生類ペデルペス【図16-1】は、後肢の指を前に向けることができた。私たちもそうだが、陸上を歩行する動物の指は、普通前を向いている。実際にやってみると分かるが、指を使って体重を移動させると、指の先端の方に体が動くことになるからだ。ペデルペスの前肢の化石は不完全なので、前肢の指についてはわからないが、おそらく後肢と同様に前を向いていたのではないだろうか。もしそうならペデルペスは、体を引きずらないで陸上を4本の肢で「歩行」した両生類の、最古の化石ということになる。ちなみに、デボン紀のアカントステガは完全に水生の両生類で、指は外側を向いていた。おそらく水かきとして役に立っていたのだろう。やはりデボン紀のイクチオステガにしても、後肢の役割は水かきだった。陸上に上がったときには、アシカのように主に前肢を使って移動したのだと考えられる。

レティスクスの仲間は、ヘビのような形をした、四肢のない両生類

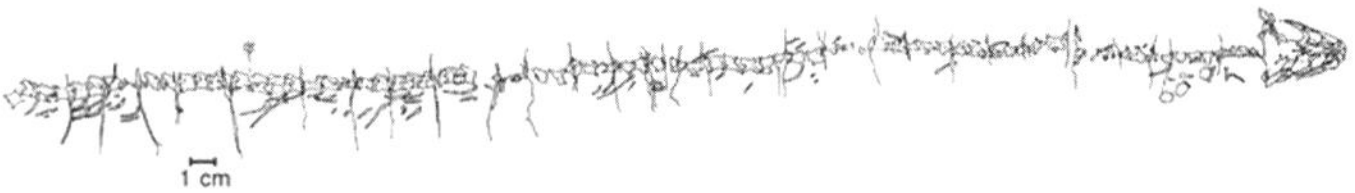

【図16-２】スコットランドで発見されたレティスクスの仲間の化石。ヘビのような形をした両生類だ。©Carroll 2001

【図16-３】鋭い牙を持つ、獰猛な肉食性両生類のクラッシギリヌス。©Nobu Tamura

である。骨格の特徴から考えて、四肢を持つ両生類から二次的に四肢を失って進化したと考えられている【図16-２】。

クラッシギリヌスは、大きな頭に鋭い牙を持つ、獰猛な肉食性両生類だ。四肢は小さく退化しており、完全に水中で生活していたと考えられる。おそらく陸上で暮らしていた両生類が、再び水中に帰り、二次的に水生に適応したものであろう【図16-３】。

レティスクスのように二次的に四肢を失ったり、クラッシギリヌスのように二次的に水中へ戻ったりするぐらい、石炭紀の両生類には特殊化が進んだものもいた。これは、まだ空いていたニッチ（生態的地位）に、両生類が適応放散した証拠であろう。石炭紀は、両生類の時代でもあったのだ。

巨大な節足動物

生物は進化の歴史の中で、4回、空を飛ぶ能力を獲得した。昆虫と翼竜と鳥とコウモリだ。この中で、最初に飛翔能力を獲得したのが、昆虫である。昆虫の化石はデボン紀から産出するが、それらはすべて、翅のない無翅昆虫である。有翅昆虫が出現するのは、石炭紀になってからである。

現在の昆虫の特徴は、6本の肢と4枚の翅である。しかし、石炭紀のステノディクテアというムカシアミバネムシの仲間には、6枚も翅があった。また、メガネウラというトンボの近縁種は、翅の右端から左端までが70センチメートルもある巨大な昆虫だった【図16-4】。これらの初期の有翅昆虫は、それほど飛ぶのは上手くなかっただろう。しかも、ムカシアミバネムシやトンボの仲間は、飛んでいないときでも翅は広げっ放しである。カブトムシやチョウのように、翅をたためる昆虫は、まだいなかったのだ。

ところで、巨大だったのは昆虫だけではない。アースロプレウラというムカデのような多足類には、長さが2メートルに達したものもいたらしい。現在では、このような大

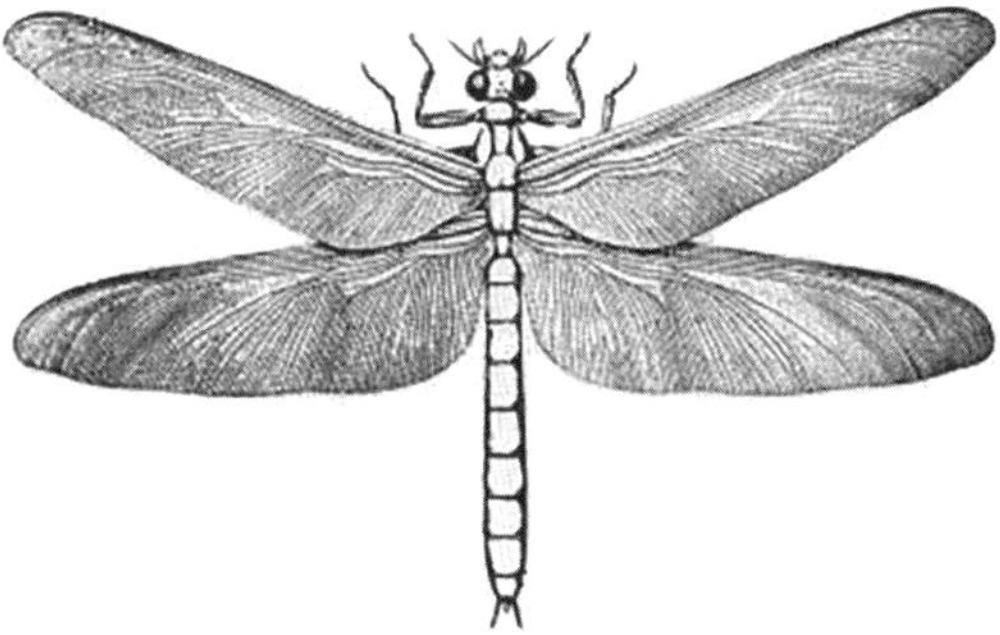

【図16-4】初期の有翅昆虫であるメガネウラというトンボの近縁種は、翅の全長が70センチもあった。©Dodoni

きな昆虫やムカデはいない。それは呼吸器官のせいで大きくなれないのだという説がある。

昆虫も多足類も、気管という体に開いた穴から空気を取り込んで、呼吸をしている。この方法は、空気の拡散に頼っているため、あまり体が大きくなると、体の中心まで空気が届かなくなってしまう。ではなぜ、石炭紀の昆虫やムカデは大きくなれたのかというと、それは当時の酸素濃度が高かったからだというのだ。現在の大気中の酸素濃度は約21%である。一方、石炭紀の大気中の酸素濃度はおよそ30%、一説では35%にも達したというのである。それは、植物が多かったからだ。

ある見積もりによると、世界中の石炭の半分は、この石炭紀に形成されたものだという。石炭とは、植物が枯れて湿原などに埋もれ、それが変質したものだ。つまり、元々は植物なのだ。石炭紀は、地球上で初めて大森林が形成された時代でもある。シダ植物や裸子植物の巨木が地表を覆い、光合成を行った。植物が行う光合成は、二酸化炭素を吸収して、酸素を放出する化学反応である。しかし、前にも述べたが、植物が光合成をたくさんしたからといって、大気中の酸素が増えるわけではないのだ。

植物の光合成

繰り返しになるが、ちょっと復習しておこう。植物が生きている間に放出した正味の酸素は、枯れて分解される過程ですべて消費されてしまう。植物が生まれてから死んで分解されるまでを考えれば、植物はまったく酸素を放出しないことになる。

$$CO_2 \Leftrightarrow O_2 + C$$

→ 光合成
← 分解

右の式で植物は、生まれる前は左辺、生長していくにつれて右辺に移動していく。もしも生長が止まっていれば、右辺は増えも減りもしない。光合成と酸素呼吸がつり合っている状態だ。そして枯れて分解されれば、すべてが左辺に戻るので、元の木阿弥になるわけだ。これでは結局、大気中の酸素は増えない。それでは、大気中の酸素を増加させるにはどうすればよいのだろうか。

大気中の酸素を増加させるためには、式が右辺に動いたところで止めてしまえばよい。植物も生物だから、死ぬのは避けられないけれど、死んだ後に分解されなければ、式は右辺で止まるはずだ。つまり、枯れてから湿原に埋もれて、石炭になればよいのだ。石炭は炭素でできている。実は石炭の化学式は簡単でＣである。植物が石炭になれば、式は右に動いたまま固定されることになり、大気中の酸素は放出されたままになる。これなら、大気中の酸素濃度は増加するだろう。つまり、石炭紀の大気中の酸素濃度が高かったのは、大森林が広がって、植物がたくさんあって、どんどん光合成をしたからではない。植物が枯れても分解されずに、どんどん石炭になったからなのだ。まさに名前の通り「石炭紀」だ。ちなみに、人間が石炭を燃やすと二酸化炭素が放出されるのは、式が左辺に動くからである。

有羊膜類の誕生

カエルやサンショウウオなど現生の両生類は、水中あるいは水の近くに生息している。ゼリーに包まれた両生類の卵は、水中に産まなければ乾燥してしまうし、たとえばオタマジャクシのように、幼生はかならず水中で生活するからだ。大きい物体より小さい物体の方が乾きやすいので、発生の初期は特に乾燥に弱いのだろう。デボン紀に出現して石炭紀に適応放散した初期の両生類も、水中あるいは水の近くで生活していたと考えられる。一方、爬虫類などは、水辺を離れて完全に陸上で生活することができる。それは、羊膜を持つ有羊膜卵を発明したからである。

多細胞生物の発生の初期段階を「胚」という。動物では「胚」は受精卵から始まり、ものを食べるようになると普通「幼生」と呼ぶが、分類群によって多少ちがうこともあるようだ。ともあれ爬虫類は、胚が乾燥しないような卵を進化させたのである。羊膜で作った袋に水（正確には羊水）を入れて、その中に胚を入れたのだ。胚を陸上に放っておいたら、乾いて死んでしまうが、水の入った袋に入れておけば大丈夫だ。有羊膜卵なら、水中でなく陸上に産んでも平気なのだ。ただし胚は生きているので、食事もすればトイレにも行くし、呼吸だってしなくてはならない。そこで、卵の中には、栄養を含んだ卵黄や、排泄物を溜める尿膜の袋なども用意しておく必要がある。ニワトリの卵のように、炭酸カルシウムの硬い殻がある場合は、呼吸のために小さい穴も開けておかなくてはならない。ヘビのように有機物でできた殻を持つ場合も、空気が出入りできるようにしておく必要がある。しかし何と言っても一番大切なのは、胚を乾燥から守る羊膜だ。

【図16-5】有羊膜類の最古の化石ヒロノムス。体長30センチほどのトカゲのような動物。©Nobu Tamura

この羊膜を持つ動物を、有羊膜類という。現生の動物では、爬虫類と鳥類と哺乳類が、有羊膜類である。

有羊膜類の最古の化石は、石炭紀のヒロノムスである【図16-5】。体長30センチメートルほどの、トカゲのような動物だ。もっとも卵の化石が残っているわけではないので、ヒロノムスが本当に有羊膜卵を産んだかどうかは、実はわからない。しかし、石炭紀の両生類が平たい頭骨を持っていたのに対して、ヒロノムスは幅が狭く丈が高い頭骨をしていた。これは爬虫類的な形である。また、ヒロノムスには、足首に距骨という骨があった。これは、爬虫類や鳥類や哺乳類にはあるが、両生類にはない骨である。したがって、ヒロノムスは両生類ではなく、爬虫類や鳥類や哺乳類の仲間、つまり有羊膜類であり、有羊膜卵を産んだのだろうと間接的に推測されているのである。

その後、ヒロノムスのような有羊膜類から、竜弓類（爬虫類や鳥類を含むグループ）や単弓類（哺乳類を含むグループ）が進化することになる。私たちは、つい、哺乳類は爬虫類よりもすぐれていると思ってしまう。そういう気持ちから、昔は竜弓類が繁栄していたが、今では単弓類が繁栄しているという、進化史を想像する

【図16-6】ペルム紀には単弓類が繁栄していた。大きな帆が特徴のディメトロドンなどが有名。©Dmitry Bogdanov

かも知れない。しかし、事実はそうではない。大ざっぱな傾向では、石炭紀の次のペルム紀（古生代最後の時代）には単弓類が繁栄していた。有名な単弓類としては、背中に大きな帆があるディメトロドン【図16-6】や、体長が4メートルを超える肉食獣のイノストランケビアなどがいた。

しかし中生代になると、恐竜に代表される竜弓類が繁栄した。そして新生代には、哺乳類という単弓類が再び繁栄する。シーソーゲームだったのだ。このシーソーゲームが始まるのが、次のペルム紀である。そしてペルム紀の末には、地球史上最大とも言われる大量絶滅が起こることになる。

大量絶滅の容疑者

ペルム紀末の大量絶滅は、ペルム紀（Permian）と三畳紀（Triassic）の頭文字をとって

「P-T境界絶滅」と呼ばれている。このP-T境界絶滅では、当時生きていた種の96%が絶滅したとしばしばいわれている。おそらくその根拠は、デイビッド・ラウプの1979年の論文ではないかと思う。もしもそうであれば、正確にはラウプはそうは言っていない。最大に見積もって96%だと言っているのだ。まあ、元々大ざっぱな推定なので、目くじらを立てることはないのかも知れないけれど。

P-T境界絶滅の原因はよく分からないが、この時期に起きたいくつかの出来事が、大量絶滅を引き起こした容疑者として挙げられている。たとえば、地磁気の乱れだ。それまでは安定していた地磁気がペルム紀の終わりごろから頻繁に反転する、つまり地球のN極とS極が逆転するようになったのである。

P112で述べたように、地磁気は太陽風や宇宙線から地球を保護する役割を果たしている。したがって、地磁気が乱れると、地球の大気に侵入する宇宙線が増加することになる。宇宙線の大部分は、陽子などの荷電粒子である。荷電粒子が大気中の分子と衝突すると、電気を帯びた2次粒子が発生したり、大気中の分子が電気を帯びたりする。すると、この荷電した分子が核となって、雲が形成されやすくなる。その結果、太陽光が遮られて地球は寒冷化し、生物の大量絶滅が引き起こされたという研究者もいる。

巨大な噴火も容疑者の1人だ。現在のシベリアで地面に50キロメートル以上の裂け目ができ、そこから大量のマグマが噴き出したらしい。その後も大地は次々に裂けていき、一説によると噴火は100万年以上も続いたという。そのとき洪水のように流れ出した玄武岩質のマグマが、巨大な「洪水玄武岩」の台地としてシベリアに残っている。このような火山活動自体も多くの生命を奪ったであろうが、その後の出来事がさらに多くの生物を絶滅に追いやったと考えられている。火山灰や塵が空を覆って太陽光を遮り、地球を寒冷化させたのだ。また、太陽光が減少したことにより、光合成を基盤とする生態系が崩壊した可能性もあるだろう。

ペルム紀末にはすべての大陸が集合して、1つの巨大な超大陸パンゲアが形成されていた。このパンゲアも容疑者の1人とされている。大陸の周囲にある浅い大陸棚は、海洋で最も生産力の高い生物圏だ。パンゲアが形成されたということは、海岸線の長さが短くなったことを意味する。当然、大陸棚も著しく減少したはずである。このような状況で、もしも地球が寒冷化して海水面が下がったらどうなるだろうか。ただでさえ少なくなっている大陸棚から海水が引いて、海底が露出してしまう。そうなれば、生物に対する影響は深刻なものとなるだろう。

最も有力な容疑者と考えられているのが「海洋無酸素事変」だ。海底でできるチャート堆積岩の色は、赤茶色のものが多い。海水中の鉄イオンと酸素が結合してできる酸化鉄が含まれているからだ。しかし、酸素がないと鉄イオンは硫酸と結合して硫化鉄になる。するとチャートは灰色になる。ペルム紀末に形成されたチャートは、まさにこの灰色のチャートなのだ。

さらに、その灰色のチャート層の中には黒色頁岩という黒い粘土層が含まれる。これは有機物が分解されずに、そのまま堆積した地層だと考えられている。有機物が微生物によって分解される反応は、酸素が有機物と結合して水と二酸化炭素になる反応だ。したがって、もしも海水中に酸素がなければ、有機物が分解されないので、このような黒色頁岩が堆積しても不思議はない。

これらの証拠からペルム紀末に海洋無酸素事変が起こったと考えられているのである。黒色頁岩層の厚さから考えると、海洋無酸素事変は数百万年間は続いたらしく、これが大量絶滅を起こした可能性はかなり高いだろう。

静かな大量絶滅

おそらくP‐T境界絶滅の容疑者たちは、お互いに関係しているだろう。海洋無酸素事変も元々は、光合成の停止が原因であった可能性が高いのだ。また、地球内部の出来事によって、これらの容疑者を統一的に説明する試みもなされている。たとえば、プレートの残骸が大量にマントルの中を落下して、外核の外側に達したとしよう。すると、比較的温度の低いプレートで外核が冷やされて、液体の鉄の対流パターンが乱される。そうなれば、地磁気に影響が出ることだろう。

更に、もしも大量のプレートが落下したのであれば、その分どこかでマントルが上昇しなくてはならない。このようなマントルの大きな流れをプルームというが、上昇するプルームは巨大な噴火の原因となるだろう。また、そもそもバラバラだった大陸が1つにまとまったのは、下降するプルームによって地球表面の大陸が引き寄せられたからだという考えもある。P224で述べる白亜紀末の大量絶滅の原因は、地球外から隕石の衝突によってもたらされた可能性が高いのだが、P‐T境界絶滅は、地球内部の原因によって引き起こされたようである。いきなり大惨事が起きて一気に生物が大量絶滅したのではない。静かにゆっくりと、大量絶滅は進行したらしい。

細かくみると、この大量絶滅は800万年ほどの間隔をあけて、2回に分けて起きたようである。地磁気の乱れは1回目、火山の噴火は2回目に起きたらしい。

もちろんP-T境界絶滅は地球の生命史上における大事件であったことは間違いない。ただ人間の目から見ると、それはずいぶんゆっくりとしたプロセスだったことだろう。種が絶滅するペースで考えれば、現在の人間の環境破壊による種の絶滅の方が、はるかに速いのである。

第17章　恐竜の繁栄

ダイナソーの誕生

絶滅したすべての生物の中で、最も人気があるのは恐竜だろう。これは子供だけに限った話ではない。真偽のほどは知らないが、「古生物学者になった人の半分は、恐竜が好きだったのがきっかけで、その道に入ったのだ」という話を聞いたこともある。ちなみに私も、昔から恐竜は大好きである。

ところで、ここ数十年で、恐竜のイメージは大きく変化した。以前、恐竜は「知能が低くて動きののろい、絶滅した大きな爬虫類」と思われていた。しかし現在のイメージはまったく異なる。知能は低くないし、動きはのろくないし、絶滅さえしていない。変わっていないのは「大きな爬虫類」というところぐらいだ。こんなにイメージが変化したのに、人気が全然衰えないのが不思議なぐらいである。

恐竜の化石には大きいものが多いので、昔から人目にはつきやすかったようだ。実際、恐竜の化石と思われるものを、ゾウや巨人の骨と解釈したという記録が残っている。恐竜を正しく爬虫類だと解釈して記載した最初の論文は、イギリスのウエストミンスター寺院の主任司祭、ウィリ

【図17-1】肉食の獣脚類ティラノサウルス。マンチェスター博物館。©Billlion

アム・バックランドによるものである。メガロサウルスを記載した、1824年の論文だ。そしてその翌年の1825年には、イギリスの医師、ギデオン・マンテルがイグアノドンを記載している。

それからも少しずつ恐竜の化石は発見され、1841年の時点で9種の恐竜が見つかっていた。後に大英自然史博物館の初代館長になる比較解剖学者リチャード・オーエンは、その年の英国科学振興協会の総会で、これらの陸生巨大爬虫類に対して「恐竜類」（Dinosauria ディノサウリア）という分類群を提唱した。オーエン自身は、メガロサウルスとイグアノドン、それに1832年にやはりマンテルが記載したヒラエオサウルスを加えたイギリス産の3種について、詳しく調べていた。そしてこれらが、今までに知られていた爬虫類のどのグループにも属さないことを明らかにしたのである。脚は哺乳類や鳥類のように体の真下に伸びており、トカゲやワニのように体の横に脚が伸びているものとは異なる。したがって恐竜は速く走ることができただろうと、オーエンは考えていた。この3種の研究結果は1842年に出版され、その中に、これらの爬虫類のために恐竜という新しいグループを作ったこ

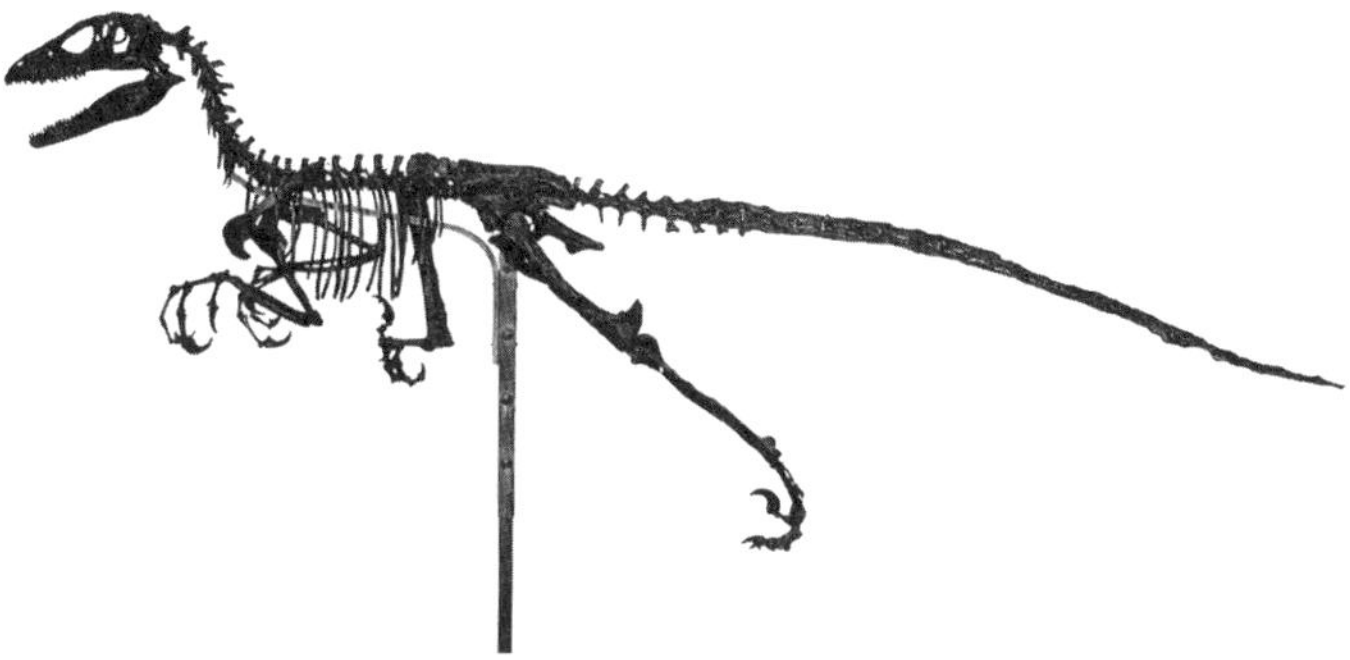

【図17-2】肉食の獣脚類デイノニクス。イエール大学・ピーボディ自然史博物館。©Didier Descouens

とが記されている。

現在もオーエンの作った「恐竜」(dinosaur ダイナソー)という名称は、そのまま使われている。分類群でいえば恐竜は、爬虫類の中の竜盤類と鳥盤類というグループである。空を飛ぶプテラノドンのような翼竜や、ネス湖にいると言われた(いるわけがないけれど)プレシオサウルスのような首長竜は、恐竜には含まれないのだ。竜盤類はさらに、獣脚類と竜脚類に分けられる。ほとんどの獣脚類は肉食で、ティラノサウルス【図17-1】やデイノニクス【図17-2】などが含まれる。竜脚類は植物食で、非常に大きい恐竜が多い。ディプロドクス【図17-3】やアパトサウルスが含まれる。竜脚類は首が長いが、首長竜と呼ばれることはない。少しややこしいが、首長竜はあくまで手足がヒレ状になっている海生爬虫類の1グループを指す言葉である。ちなみにメガロサウルスは竜盤類の中の獣脚類で、イグアノドンとヒラエオサウルスは鳥盤類である。

【図17-3】ディプロドクスは大型の竜脚類で植物食である。フンボルト博物館。©Alexander Hüsing

万国博覧会で復元されたイグアノドン「イグアノドン」という名前は「イグアナの歯」という意味である。最初にイグアノドンを記載した医師マンテルは、イグアノドンと現生爬虫類のイグアナの歯の形が、とても似ていることに気がついた。そして両者の大きさの比からイグアノドンを、イグアナのように四つ足で歩くが、長さは20メートルもある巨大な爬虫類だと考えた。また、イグアノドンの親指は、骨質の棘のようになっている。マンテルは間違えて、親指をサイの角のように鼻先にのせてしまった【図17-4上】。とはいえ骨格復元は非常に難しい作業であるし、当時の知識を考えれば、これは仕方のないことだろう。

その後マンテルは追加標本を調べて、イグアノドンの前肢は、後肢に比べると

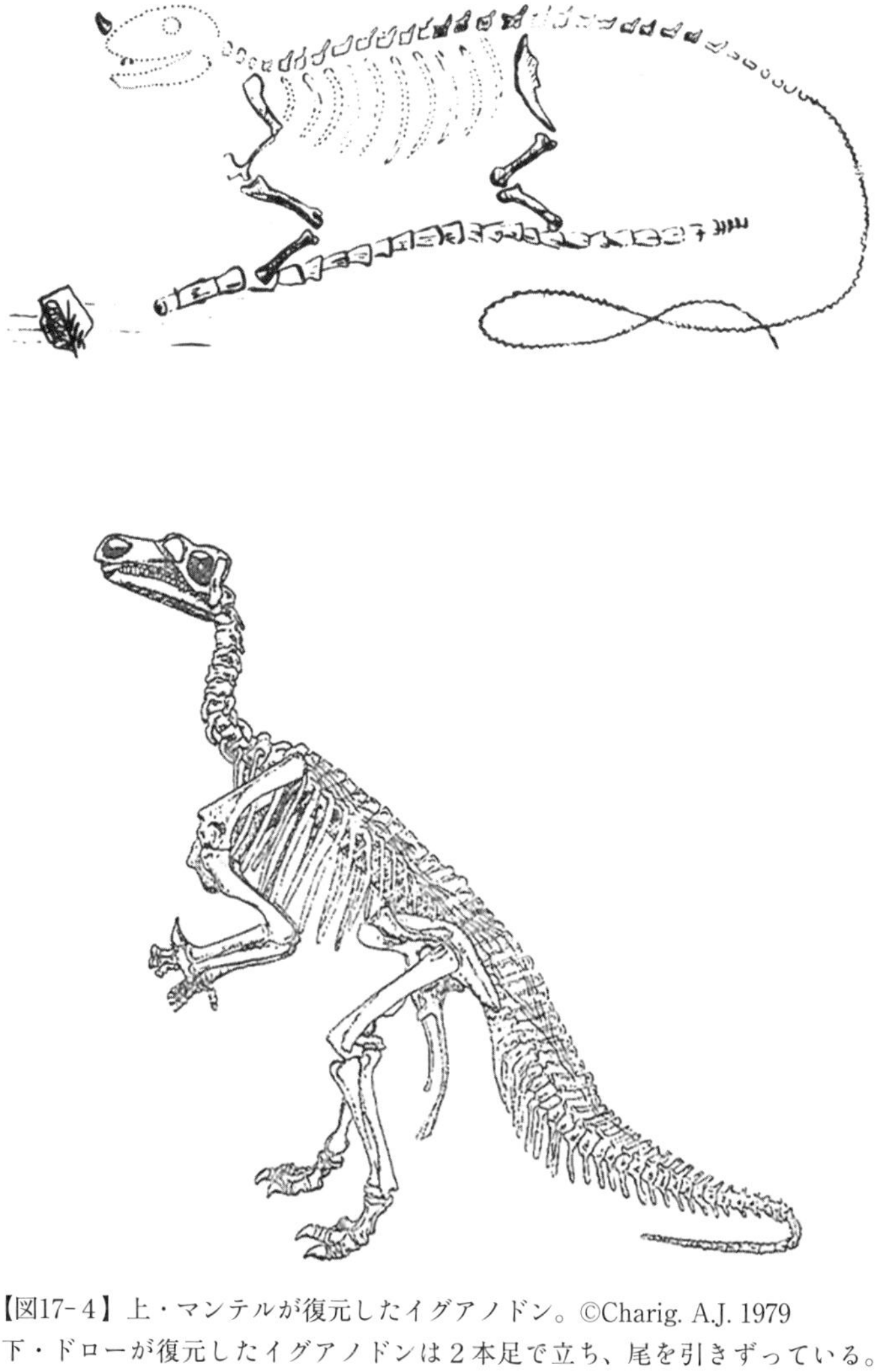

【図17-4】上・マンテルが復元したイグアノドン。©Charig. A.J. 1979
下・ドローが復元したイグアノドンは２本足で立ち、尾を引きずっている。
©Vande boek, G. 1969

小さくて弱々しいことを明らかにした。そして2本足で立ちあがっていたのだろうと結論した。1851年のことである。ちょうどその頃、イギリスでは万国博覧会が開かれていた。そのクリスタルパレスという展示ホールには、オーエンが監修したイグアノドンやメガロサウルスの模型が展示されていたのである。オーエンが監修したクリスタルパレスのイグアノドンは、がっしりとした前肢を持った、4足歩行の動物であった。オーエンの高い評判と、クリスタルパレスの熱狂的な人気のために、残念ながらマンテルの先見的な解釈が、注目されることはなかった。イグアノドンが2本足で立つ復元像は、ベルギーのベルニサールの炭鉱で、大量のイグアノドンの化石が発見され、若きルイ・ドローが1882年に復元図を発表するまで待たなくてはならなかったのである【図17-4下】。

ドローが復元したイグアノドンは、2本足で立ち、尾を地面につけている。いわゆるカンガルー型である。ヒトや鳥も2足性だが長い尾はないので、カンガルーをモデルにしたのだと思われる。ドローがブリュッセルの自然史博物館で、イグアノドンの骨格を初めて復元したときの写真は、なかなか興味深い。大きなイグアノドンの骨格の横に、カンガルーの仲間であるワラビーの骨格があるのはよいとして、飛べない鳥であるヒクイドリの骨格も写っているのだ。恐竜と鳥の関係については次章で述べるが、ドローはすでに両者の類似性にも気づいていたようだ。

確かに今から見れば、ドローの研究には色々と間違いがあった。たとえば現在では、イグアノドンは尻尾を引きずらないで歩いていたと考えられている。しかし積極的に現生の動物と比較して、恐竜がどのような生活をしていたかを追求した点は評価できるだろう。それに、少なくともクリスタルパレスのイグアノドンよりは、ドローのイグアノドンの復元の方が、はるかにすぐれているのは明らかである。ドローは恐竜学に、新風を吹き込んだのだ。そしてドローは、イグアノドンに関する研究成果を1923年に出版した。しかしこの頃から、恐竜の研究は停滞期を迎えることになる。

時代遅れになった恐竜の研究

20世紀は生物学が爆発的に進歩した時代であった。メンデルの遺伝の法則が再発見されて、ダーウィンの自然選択説を支持するメカニズムとなった。また、遺伝の秘密を解くために様々な分野の研究がなされ、1953年のDNAの二重らせん構造の発見に結実した。そしてこの発見により、分子生物学がスタートすることになった。

しかし恐竜学は、これらの分野の発展に貢献することができなかった。またその成果を利用することもできなかった。さらにいえば、分子生物学のようなミクロを対象とする研究が進歩したために、恐竜学のようなマクロを対象とした研究を、格下に見る風潮もあったかも知れない。恐竜自体も、愚鈍でのろまな生物といった印象が持たれたりして、まさに受難の時代であった。しかし、恐竜の研究が停滞した理由は、それだけではなさそうだ。どうやら悪い意味での権威主義もあったらしい。

私たちもそうだが、恐竜も脊椎動物なので、脊椎（背骨）がある。脊椎はたくさんの椎骨《ついこつ》がつながってできたものである。スミソニアン自然史博物館のチャールズ・ギルモアは、1930年代にディプロドクスの腰や尾の椎骨を調べて、尾が付け根のところで持ち上がっていたことを明らかにした。実は、昔は恐竜の尾は地面に引きずる形で復元されていたが、現在では尾を引きずらないで空中にピンと伸ばしている元気な復元が多い。ギルモアは約半世紀も前にそのことに気づいたのだが、古い復元を良しとするアメリカ自然史博物館長ヘンリー・オズボーンの権威のせいもあって、その見解は広まらなかったらしい。たとえば、有名な大英自然史博物館の大ホールにいるディプロドクスの尾が高く上がったのは、やっと1990年代になってからであった。

また、イェール大学のオスニエル・チャールズ・マーシュに雇われていた化石ハンターが、1879年にワイオミング州でアパトサウルスの化石を発見した。しかし、発見されたアパトサウルスの化石には、頭骨がなかった。おそらくマーシュは、ライバルのエドワード・ドリンカー・コープと競争していたので、あせっていたのだろう。このアパトサウルスの骨格に、別の場所から産出したカマラサウルスの頭骨を乗せて、ブロントサウルスとして記載してしまった。その後、1915年にアパトサウルスの頭骨が見つかり、マーシュのブロントサウルスが誤りであったことが明らかとなった。このアパトサウルスを記載したのは、カーネギー博物館のアール・ダグラスだった。ところがカーネギー博物館長のウィリアム・ホランドは、オズボーンの権威の前に、アパトサウルスの首をすげ替えることができなかったという。結局、正しい頭骨が乗ったのは、最初の発見からちょうど100年後であった。

ルネッサンスを迎えた恐竜研究

朝の来ない夜はない。そもそもそれは1964年の夏の、新しい肉食恐竜の化石の発見がきっかけだった。古生物学者のジョン・オストロムは、この恐竜を研究して、デイノニクスと命名した。

デイノニクスは「恐ろしい爪」という意味で、体長が2~3メートルの中型の肉食恐竜だ。後ろ足は3本指だが、内側の1本には大きくて鋭い爪がついており、地面に接しないように上に曲げられていた。この爪が、攻撃に使われたことは明らかだ。となるとデイノニクスは、安定する3本指ではなく不安定な2本指で歩いていたことになる。これはデイノニクスのすぐれたバランス感覚を示唆している。眼は大きくて前を向いており、脳も他の恐竜よりも大きいので、正確な立体視もできただろう。デイノニクスの尾は特徴的で、付け根の辺りは自由に動かせたようだが、途中からは骨がつながって1本の棒のようになっている。これは走るときにバランスを取ったり、急に方向を変えるときの安定化装置となったりしたと考えられる。これらの結果は、愚鈍な生物という恐竜のイメージを払拭するのに十分なものであった。デイノニクスは、賢くて敏捷な動物だったのだ。

そして、賢くて敏捷だったのはデイノニクスだけではなかったのだ。程度の差はあれ、ほとんどの恐竜は賢くて敏捷な動物だと考えられるようになったのだ。この新しい恐竜像を広めるのに貢献したのが、オストロムの学生だった、ロバート・バッカーである。バッカーは絵が上手く、実に生き生きとした恐竜を描いて私たちを楽しませてくれる才人だ。ただ、バッカーの描く恐竜の復元図は、元気があり過ぎて変なものもある。たとえばバッカーの復元したステゴサウルスは、

【図17-5】バッカーが復元したステゴサウルス。©Bakker, R.T. 1986

大股で歩いている姿である。でも、いくらステゴサウルスが元気でも、立ち止まることぐらいはあるだろう。もし、このステゴサウルスが立ち止まって、後肢を垂直に伸ばしたら、前肢は地面に届かなくなってしまう。いくら何でも、これはおかしいだろう【図17-5】。

哺乳類の骨には、血管が通っているハバース管という構造がある。これは活発で代謝レベルの高い哺乳類には、一般的な構造だ。ところが恐竜の骨にも類似した構造があるのである。バッカーはこの事実を、恐竜が代謝レベルの高い動物だった証拠としている。この意見には、反論もある。代謝レベルが高くてもハバース管がない場合もあるし、代謝レベルが低くても、こういう管がたくさんある場合もあるからだ。しかしそれらは例外的なケースである。恐竜の骨格構造に関してはバッカーの言うとおり、恐竜が活発な動物であったことを示唆していると言ってよいだろう。ちなみに、この節のタイトルに「ルネッサンス」とあるが、「恐竜ルネッサンス」と最初に言ったのもバッカーである。

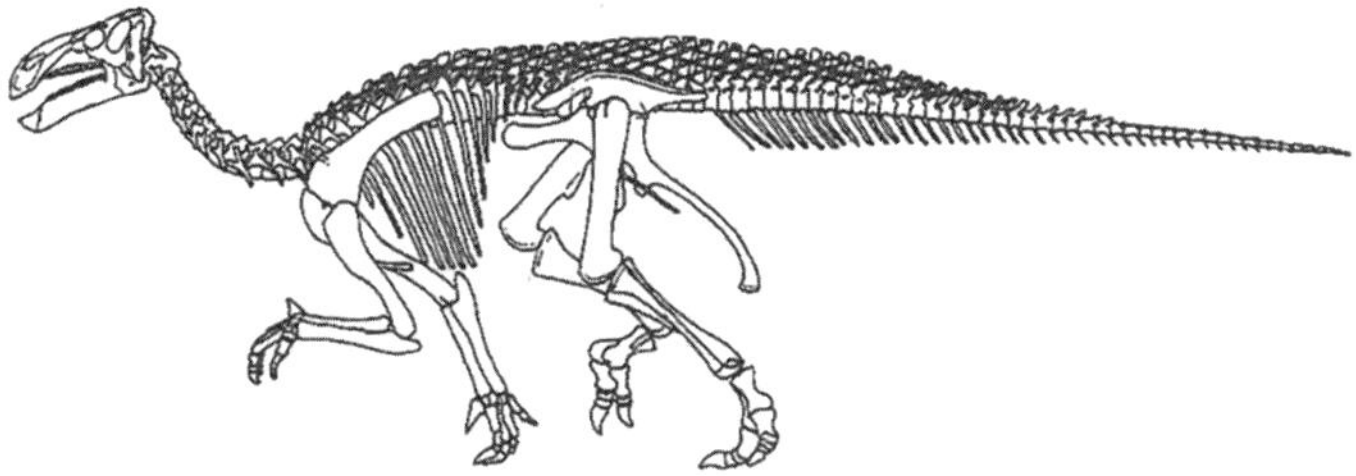

【図17-6】ノーマンが復元したイグアノドン。©Naish and Martill 2001a

恐竜は活発な動物だった

イグアノドンの復元も、ドローの復元からだいぶ変化している。現在では、イグアノドンは、体をほぼ水平にした姿勢に復元されている。尾も水平に伸ばして、地面には引きずらない。腕は脚よりも短いが、姿勢が低いので、地面につくかつかないか微妙な感じになる。おそらくイグアノドンは、場合に応じて4足歩行も2足歩行もできたのだろう。どうも若い個体よりも成熟した個体の方が、4足歩行をする傾向が強いらしい。また、種によって主に2足歩行のものと主に4足歩行のものがいたと考える研究者もいる。イグアノドンというのは属名なので、複数の種が含まれているのだ。たとえばイギリスの古生物学者、デビッド・ノーマンは、イグアノドン・ベルニサールテンシスは主に4足性、イグアノドン・アザーフィールデンシスは主に2足性と考えていた【図17-6】。

ただしこの2種を、同種のオスとメスと考える研究者もいる。同じ場所から産出することがあるからだ。大きいイグアノドン・ベルニサールテンシスがメスで、小さなイグアノドン・アザーフィールデンシスがオスと考えられている。しかし、別種か同種のオスとメスかを化石で判断するのはかなり難しい。この場合は、正直に言ってよくわからない。今後の研究を待つことにしよう。

前にも述べたが、現在ではディプロドクスのような竜脚類の長い尾も、高く上げられていたと考えられている。しかし考えてみれば、竜脚類の足跡というのはいくつも発見されている。それらのほとんどには、尾を引きずった跡がないのだ。普通に考えれば、尾を上げて歩いていたと考えるのが自然だろう。また、歩幅が広いわりには、右足の足跡と左足の足跡の間隔が近いのも特徴である。恐竜は、ワニやトカゲのように脚を横に張り出したりせずに、ゾウやイヌのように体の真下に脚がついていたのであろう。だから、左右の足跡が近いのだ。これも恐竜が活発な動物であった証拠とされている。でもこれは、どこかで聞いたような言葉だ。そういえば、「恐竜」という言葉を作ったオーエンが、すでにそんなことを言っていたのではなかったか。

ルネッサンスというのは再生とか復興とかいう意味である。そう考えると、バッカーが名づけた「恐竜ルネッサンス」というのは、的を得た言葉だ。もちろん、きっかけはオストロムによるデイノニクスの発見だったかも知れない。でも、恐竜が活発な動物だったという証拠は、たいてい昔から知られていたものなのだ。でも、それらは権威で抑えられたりして、広く知られることがなかった。それらが再評価される機会を得て、新しい恐竜像が作られたのである。

ところで恐竜に関しては、もう1つ大切な話題がある。それは「鳥は恐竜なのか」という話題だ。これは「恐竜は絶滅したのか、それとも絶滅していないのか」という話題と表裏一体でもある。これについては、次章で検討しよう。

第18章　巨大隕石の衝突

地球はエコスフィアと同じこと

ＮＡＳＡが開発した生態系モデルに「エコスフィア」というものがあった。残念ながら私は持っていなかったが、少し前には数万円で買えたらしい。完全に密閉されたバレーボールぐらいのガラスの球の中に、水や塩類などの必要な物質とともに、エビと藻類と微生物が入っている。藻類をエビが食べ、エビの排泄物を微生物が分解し、それが藻類の栄養になるらしい。エビが呼吸したり、微生物が排泄物を分解したりするのには、酸素が必要だが、それは藻類が光合成をして放出してくれるので大丈夫だ。とにかく光さえ当てておけば、エサをやる必要もないし、水を換える必要もない。エコスフィアの中で完全な生態系が成立しているので、永久とは言わないまでも、10年ぐらいはもつらしい。

エコスフィアの中は完全に密閉された空間なので、外界との物質の出入りはまったくない。物質はエコスフィアの中を、完全に循環しているのだ。しかし、エコスフィアを維持するためには、与え続けなくてはならないものが１つだけある。それは、エネルギーだ。光だけは、当て続けなくてはならないのである。物質を循環させることはできるけれど、エネルギーを循環させることはできないからだ。

エネルギーは、光の形でエコスフィアに入っていき、熱の形で出ていく。このエネルギーの流れを止めることはできない。たとえじっとしたまま動かなくても、生物は生きているだけでエネルギーを使っているのだ。だから、エコスフィアを崩壊させるのは簡単だ。エコスフィアを照らしている電灯のコンセントを、そっと抜くだけで、エコスフィアの生態系はたちまち崩壊して、生物は死んでしまうだろう。

地球はエコスフィアよりもずっと大きいけれど、事情はこれと同じである。もっとも、地球には、ときどき隕石は落ちてくるし、大気圏から水素などがほんの少しは逃げていく。でも、地球全体の質量に比べれば微々たるものなので、それらは無視してもいいだろう。つまり地球には、物質の出入りはないのだ。地球という生態系は、物質に関しては循環しているのである。しかし、エネルギーは循環していない。地球は太陽から、いつも莫大なエネルギーを与えられている。これが地球の生態系の動力源だ。だから地球の生態系を崩壊させようと思ったら、太陽のコンセントをそっと抜くだけでいい。そしてそれが、白亜紀末の大量絶滅を引き起こした一因だった。

巨大隕石の衝突

白亜紀と古第三紀《こだいさんき》の境界のことをK－Pg境界という。白亜紀は英語でクリテイシャス（Cretaceous）、古第三紀はパレオジーン（Paleogene）というので、その頭文字をとったのである。ただしCは、石炭紀（Carboniferous）の略号に使われているので、白亜紀を表わすドイツ語（Kreide）

の頭文字であるKを使うことになったようだ。このK-Pg境界では、直径10キロメートルほどの巨大な隕石が、地球に落下したことが知られている。現在、世界の最高峰であるチョモランマ（エベレスト）の標高が8848メートルなので、それよりも直径が長い隕石である。

そもそもはアメリカの地質学者、ウォルター・アルバレズが、イタリアのK-Pg境界の粘土層に、イリジウムが濃集していることを見つけたことが始まりだった。イリジウムは原子番号77の重い元素で、大部分は地球の形成時に、中心に沈んでしまったと考えられている。したがって地表にはあまり存在しないはずなのだ。ところが隕石中には、イリジウムがかなり高い濃度で含まれていることが知られていた。そこで、白亜紀末に巨大な隕石が地球に衝突し、粉々になって世界中に降り積もったのではないかと考えられたわけだ。

1980年にこの論文が発表されると、すぐに世界中のK-Pg境界の地層から、次々にイリジウムの異常値が報告され始めた。どうやら世界中にイリジウムの塵が降り積もったのは、事実らしい。さらに、複数のK-Pg境界から、「衝撃変成石英」が発見された。石英はありきたりの鉱物だが、高圧下で衝撃を受けると独特の変成をする。これが衝撃変成石英で、隕石が衝突してできたクレーターの周辺でよく見つかるものだ。

白亜紀末に巨大な隕石が落下してきたのは、ほぼ確実になった。しかし今ひとつぴんとこない。そんな巨大な隕石が衝突したのなら、そのときのクレーターが残っているはずだ。それは、どこにあるのだろう。大きなクレーターになると、地上を歩いていては見つけることができない。飛行機に乗って空から見ないとわからない。もっと大きなクレーターになると、人工衛星から見ないとわからない。だが、空から探索しても、K‐Pg境界のクレーターは見つからなかった。

しかし、ヒントはあった。先ほど述べた衝撃変成石英の粒子の大きさである。隕石が衝突して衝撃変成石英が飛ばされるときは、当然小さい粒子ほど遠くまで飛ばされ、大きい粒子は衝突地点の近くに落ちるはずだ。そこでK‐Pg境界における衝撃変成石英の粒子サイズを調べてみると、ヨーロッパや太平洋よりも北アメリカの方が大きかったのである。さらに、メキシコ湾でK‐Pg境界の津波堆積物が発見され、クレーターの候補地は徐々に狭められていったのだ。

そして、ついにクレーターは発見された。K‐Pg境界のクレーターは、ユカタン半島北部の海底に埋没していたのである。重力異常を測定することによって、海底下に隠された地形を描き出してみると、K‐Pg境界のクレーター（チチュルブ・クレーター）の直径は、およそ180キロメートルもあったのである。

隕石の衝突によって大量絶滅は起きたのか

どうやらK‐Pg境界で、巨大な隕石が地球に衝突したことは事実らしい。しかし、隕石の衝突が、生物の絶滅に直接関与したかどうかは、また別の問題である。本当に両者の間に、因果関係はあるのだろうか。

K‐Pg境界の下の地層からは花粉が見つかるのに、境界の上の地層からはシダの胞子が大量に見つかることが報告されている。そしてさらに上になると、シダの胞子が減少して、再び花粉が増えてくるのだ。地層は普通、上に行くほど新しいので、これは次のように解釈できる。つまり白亜紀末には種子植物が繁栄していたが、隕石の衝突した後は種子植物が減って、シダ植物が優勢になった。しかしその後は、再び種子植物が優勢になったということだ。

なぜこんな現象が起きたのかを説明するには、火山が噴火した後の植生の遷移が、ヒントになるかも知れない。たとえば、海底火山が噴火して新しく島ができた場合、種子植物よりも先にシダ植物が生え始めるのだ。また、大規模な山火事の後なども、まず生えるのはシダ植物である。種子植物はその後だ。これは、シダの分散能力が、非常に高いことが一因とされる。シダの胞子はとても小さいので、風でも簡単に運ばれるからだ。あるいはシダの根茎が、種子植物の根よりも破壊されにくいことを理由に挙げる人もいる。ともあれこの事実は、隕石の衝突後に、何らかの形で環境が悪化したことを示していると考えられる。

隕石の衝突によって何が起きたのかについては、いくつかのストーリーが提唱されている。猛火、地震、津波、舞い上がった硫酸塩による酸性雨、地表や大気の高温化などで、地球は地獄と化した可能性もある。しかし、生物にとっての脅威はそれだけではなかった。衝突によって舞い上がった微細な粒子が空を覆い、地表に届く太陽光を激減させたのだ。猛火によって発生した煤も、太陽光を遮るのに一役買ったかも知れない。ともかく太陽光が届かなければ、地球上は暗くて寒冷な世界になったに違いない。そして何よりも重要なことに、ほぼすべての生物のエネルギー源である光合成が停止しただろう。この暗い世界がどのくらい続いたのかは、よくわからない。数カ月だったかも知れないし、数年だったかも知れない。ともかく、しばらくの間、地球を照らす明かりのコンセントは抜かれたのだ。

たしかに巨大隕石の衝突だけが、K-Pg境界の大量絶滅の原因ではないかも知れない。この時期に大規模な火山活動が起きたのも事実である。しかし、イリジウムが濃集したK-Pg境界の地層の上下で化石相が大きく変化することから考えて、隕石の衝突が生物の進化に大きな影響を与えたことは否定できないであろう。

ティラノサウルスに羽毛は生えていたか

以前に化石の本を出版した時のことだ。その本の帯に、ティラノサウルスのイラストを描いてもらうことになった。そのとき、編集者からこう訊かれた。

「ティラノサウルスに、羽毛は生やしますか?」

恐竜の化石で最も古いものは、約2億3000万年前の三畳紀後期のものである。それから約6600万年前に絶滅するまで、およそ1億6000万年間に渡って、恐竜は地球上に君臨したことになる。この間には、様々な恐竜が、現れては消えていった。そして最後の恐竜が、一番有名なティラノサウルスだ。ティラノサウルスの化石が産出するのは約7000万年前から6600万年前の、およそ400万年間である。まさにティラノサウルスは、巨大隕石が落下するのを目撃した、最後の恐竜なのである。

ちなみに、三畳紀は約2億5200万年前から約2億100万年前までの時代である。最古の恐竜の化石の年代である2億3000万年前は、三畳紀の真ん中よりも古いので、三畳紀後期ではなく三畳紀前期あるいは三畳紀中期と書くべきではないかと思った方もいるかも知れない。しかし実は「三畳紀後期」というのは、「三畳紀の後半」あるいは「三畳紀を三等分した最後の期間」という意味ではない。世界的に定義された正式な時代の名称なのだ。「三畳紀前期」は2億5200万年前から2億4700万年前まで、「三畳紀中期」は2億3700万年前まで、「三畳紀後期」は2億100万年前までと定義されているのである。というわけで、2億3000万年前は三畳紀の真ん中よりも古いけれども、三畳紀後期なのだ。

前章で述べたように、ティラノサウルスは恐竜の中の獣脚類というグループに入る。さらにいえば、獣脚類の中のコエルロサウルス類というグループに属している。コエルロサウルス類は、ジュラ紀に現れ、白亜紀に多様化したグループである。小型の肉食恐竜が多いが、中にはティラノサウルスのように大きくなったものもいる。そして重要な特徴としては、コエルロサウルス類のいくつかの種は、羽毛を持っていたことが挙げられる。

現在ではプシッタコサウルスのように、鳥盤類の中にも羽毛をもった恐竜がいたことが知られている。とはいえ羽毛恐竜のほとんどは、このコエルロサウルス類の恐竜である。ちなみに、前章で述べた「恐竜ルネッサンス」の立役者、デイノニクスもコエルロサウルス類である。

現在の哺乳類や鳥類の多くは、通常、高い体温を維持している。そのためには、まず代謝を活発にすることが必要だ。しかしそれと同時に、放熱を防ぐ手段も重要になる。そのため哺乳類は体毛を、鳥類は羽毛を、断熱材として利用している。デイノニクスを始め、多くのコエルロサウルス類は、活発な恐竜であったので、おそらく高い体温を維持していただろう。ということは、羽毛をもっていたとしても不思議はない。事実、かなりのコエルロサウルス類の化石からは、羽毛の痕跡が発見されている。また、コエルロサウルス類の中でもティラノサウルスの祖先に近縁と考えられているグアンロングやディロングは、羽毛を持っていたことが確実である。したがって、ティラノサウルスも羽毛を持っていた可能性があるのだ。

しかし、たとえばゾウは哺乳類だが、ほとんど体毛がない。ゾウは体が大きいので、体が一度温まれば、そう簡単には冷えない。だから保温のための体毛は、必要ないのだろう。実際、羽毛恐竜のほとんどは小型の恐竜だ。そう考えると、やっぱりティラノサウルスには、羽毛がなくてもよいような気もする。何しろティラノサウルスは、全長12メートルにも達する巨大な肉食恐竜なのだ。もしも羽毛が保温のためにだけ役に立つのであれば、ティラノサウルスには不必要だろう。それに、ティラノサウルスの化石は50体ぐらい見つかっているが、今のところ羽毛の痕跡は発見されていないのである。

まあ、そうは言っても、本当のところは分からない。ユティラヌスは、全長9メートルもある大型のコエルロサウルス類だが、全身に羽毛があったらしい。もっとも、ユティラヌスがいたのは比較的寒冷な環境だったと言われているので、保温のために羽毛が必要だった可能性もある。でも、ティラノサウルスはそんな寒いところには住んでいなかったので、羽毛はいらなかったのではないだろうか。しかし別の考えとしては、オスがメスに見せるためのディスプレイとして、羽毛が役に立っていた可能性もある。その場合、体の大小と羽毛の有無は、関係がないだろう。そんなことを考えると少し自信がなくなってきたが、それでも私は、編集者にこう言った。

「いいえ、ティラノサウルスに羽毛はつけなくていいです」

【図18-１】始祖鳥。始祖鳥を境に、それより今の鳥類に近縁な動物を「鳥」という。©Ballista/en.wikipedia

恐竜は絶滅していない

デイノニクスやティラノサウルスなどが属するコエルロサウルス類には、他にも重要なグループが含まれる。鳥類だ。

初期の鳥類とされる始祖鳥（アルケオプテリクス）も、コエルロサウルス類のメンバーだ【図18-1】。始祖鳥は全身が羽毛で覆われ、前肢が翼になっている。見た目はほとんど鳥である。しかし始祖鳥には、歯もあるし、翼にかぎ爪もっている。現生の鳥類のクチバシには歯はないし、翼にかぎ爪もない。だから始祖鳥は、ちょうど恐竜と鳥類の中間的な生物ということになる。

やはりコエルロサウルス類のオビラプトルは、全長約2メートルの小型の恐竜だ【図18-2】。１９２０年代にゴビ砂漠

【図18-2】オビラプトルは全長約2メートルの小型の恐竜だ。鳥のように抱卵していたと考えられている。この復元では羽毛が生えていないが、実際には羽毛があった可能性もある。©HombreDHojalata

で発見されたときには、オビラプトルの化石は、プロトケラトプスという草食恐竜のものと思われる卵の上に乗っていた。そこで、卵泥棒という意味の「オビラプトル」という不名誉な学名をつけられてしまったのだ。しかし1990年代になると、オビラプトルは、プロトケラトプスの卵を盗みにきたのではなく、自分の卵を抱いていたことが分かった。卵の中にあったのは、オビラプトルの胚だったのだ。オビラプトルは、ちょうど鳥が抱卵するような姿勢で、卵を抱いていた。

今のところ、オビラプトルが羽毛をつけていた直接の証拠はないが、近縁種（カウディプテリクス）は羽毛を持っていたので、オビラプトルの体も羽毛で覆われていた可能性がある。もしそうだとすれば、オビラプトルが抱卵する姿は、ほと

【図18-3】ベロキラプトルは羽毛恐竜。飛翔はできなかったようだが前肢は翼になっていた。©Nobu Tamura

んど鳥そのものだったろう。

　また、ベロキラプトルはコエルロサウルス類の有名な羽毛恐竜である【図18-3】。歯やかぎ爪があるのは当然として、飛翔はできなかったようだが前肢は翼になっていた。孔子鳥（コンフキウソルニス）はコエルロサウルス類の鳥類で、歯はないが翼にかぎ爪があった【図18-4】。何だかよくわからなくなってきた。オビラプトルやベロキラプトルはコエルロサウルス類だが羽毛恐竜で、始祖鳥や孔子鳥は、やはりコエルロサウルス類だが鳥類とすることが多い。一体どこが違うのだろうか。

　鳥類を「始祖鳥と現生のイエスズメを含む最小の単系統群」と定義する場合がある。これは定義としてはクリアだが、ちょっとイメージがしづらいかも知れない。ようするに系統的に考えて「始祖鳥の子孫」と「始祖鳥よりも現生の鳥類に近縁なもの」は鳥類とする（始祖鳥も含む）ということだ。まあ大ざっぱにいえば、始祖鳥を境にして、

【図18-４】孔子鳥の想像図。図：中国科学院网络化科学传播平台

始祖鳥よりも今の鳥に近ければ鳥だということだ。これなら、鳥類と羽毛恐竜を区別することができる。

　でも別に境界は、始祖鳥でなくてもよいだろう。孔子鳥でもいいし、ベロキラプトルだって構わない。鳥類と羽毛恐竜の間の変化は連続的なので、実ははっきりとした境界などないのだ。実際、孔子鳥を、羽毛恐竜とする研究者もいるのである。いや、鳥類は明らかにコエルロサウルス類のメンバーなのだから、鳥類は恐竜なのだ。

　白亜紀末に巨大な隕石が衝突した。それが少なくとも一因となって、大量絶滅が起きた。恐竜も大打撃を受けたが、一部が生き残った。哺乳類も大打撃を受けたが、一部が生き残った。恐竜の生き残りは鳥類と呼ばれ、現在およそ９０００種が生息している。一方、哺乳類は現在およそ４５００種が生息している。これが事実である。だがそうなると、白亜紀末で恐竜が絶滅して、その後は哺乳類の時代になったという話が、少し霞んでくるようだ。白亜紀末を生きのびた恐竜は現在も生きていて、その種数は哺乳類のおよそ２倍もいるのだから。

第19章　哺乳類の繁栄

人類が滅亡しても細菌は生き残る

新生代は、哺乳類が適応放散した時代なので、「哺乳類の時代」と呼ばれることもある。しかし本当は、「細菌の時代」がふさわしい。いや、生命が誕生して以来、地球はずっと細菌の時代だったのだ。圧倒的に数が多いし、遺伝的な多様性も莫大だ。もしも核戦争で人類が滅亡しても、細菌は平気で繁栄し続けるに違いない。細菌はもっとも絶滅しにくい生物なのだ。その根本的な理由は、小さいからだ。小さい生物の方が、個体数も増やしやすいし、食物が少なくても大丈夫だし、狭いところにも入り込めるので、絶滅させるのが難しいのだ。散らかっている部屋を片付けるときも、大きなゴミを全部拾うことは簡単だが、小さなゴミを拾い尽くすのは大変だろう。それと同じことである。

白亜紀末の大量絶滅で、鳥類を除く恐竜が絶滅しても、哺乳類は生き残った。かなりの痛手はこうむったようだが、とにかく絶滅はしなかった。その大きな理由は、体が小さかったことであろう。恐竜は一般的に体が大きく、小さなものでも1メートルぐらいはあった。一方、中生代の哺乳類や鳥類は、ほとんどが1メートル以下である。もちろん、体の大きさだけですべては説明できないだろうが、少なくとも体が小さい方が生き残りやすかったことは確かであろう。

寒冷化する地球

新生代になってもしばらくの間は、白亜紀の続きのような温暖な気候であった。しかし始新世に入ると、地球は寒冷化が進んでいく。特に約3390万年前に漸新世が始まると、寒冷化が加速した。その理由として、南極大陸が孤立したことが指摘されている。

白亜紀から暁新世にかけて、南極大陸は極域に位置しているにもかかわらず温暖で、森林さえ存在していた。その理由は、低緯度地域から流れてきた暖流が、南極大陸の沿岸を温めていたからである。その後、オーストラリアや南アメリカと離れてからも、南極大陸はしばらく寒冷化しなかった。それは、まだ南極大陸と他の大陸の間の海峡が浅くて、海流が形成されなかったからである。しかし海峡の水深が深くなると、南極の周りを回る南極周極流が形成された。大体、3400万年前のことである。南極周極流が形成されると暖流は南極大陸から遠ざけられ、南極大陸の寒冷化が進み始めた。寒冷化が進んで、大陸が雪や氷で覆われ始めると、ますます南極大陸は冷えていく。白い色は黒い色よりも、光をたくさん反射するからだ。そしてその影響が地球全体に広がって、地球は寒冷化していったと考えられている。

寒冷化の影響で地球上に広がったのが、草原である。寒くなると内陸部の雨量が減り、乾燥化も進んだ。そして、これまで亜熱帯雨林や広葉樹林があったところが草原に変わると、繁栄し始めたのがイネ科の植物である。イネ科植物は低い二酸化炭素濃度でも光合成を行うことができ、

C_4植物と呼ばれる。ちなみに多くの植物は、低い二酸化炭素濃度では光合成ができないC_3植物である。現在の地球は、大気中の二酸化炭素が非常に少なく、光合成をする植物にとっては過酷な時代である。そのため、イネ科植物のようなC_4植物に有利な時代なのだ。

イネ科植物の特徴としては、草食動物に対する戦略を持っていることも重要である。双子葉植物は、成長点が茎や枝の先にあるので、動物に先端を食べられるとなかなか回復できない。しかしイネ科植物などの単子葉植物は、成長点が根元の近くにあるので、動物に先端を食べられても、すぐに再生できるのだ。さらにイネ科植物は、土の中からケイ酸を吸収し、葉の中にガラスのようなプラントオパールを作る。すると葉が硬くなって、動物にとっては食べにくくなるのである。

草原が広がったことによって、哺乳類にも新しい特徴が進化した。蹄《ひづめ》である。シカやウシ、そしてウマなどにある蹄は、草原を速く走ることに適応した特徴だ。また、イネ科植物の葉は硬いので、食べると歯がどんどんすり減ってしまう。そこで、イネ科植物を食べる動物の歯は長くなった。こういう歯を高冠歯《こうかんし》という。これならすり減っても、なかなか歯がなくならないので、イネ科植物を食べるには好都合だ。でも少し困ったことがある。一番奥の歯は、だいたい眼の真下にある。この歯が長くなると、危険なほど眼と歯が接近してしまう。これを避けるためには、歯を前に出せばいい。だからウマやシカやウシの顔は長いらしい。馬面という言葉もあるが、イネ科植物を食べながら草原で暮らすためには、顔が長い方が便利なのである。

哺乳類の顎の骨は耳の骨になった

哺乳類の特徴といえば、母乳で子供を育てることである。しかし、その他にも重要な特徴が、哺乳類の骨格にあるのだ。

爬虫類の顎の関節では、関節骨と方形骨が連結している。関節骨が下顎で、方形骨が上顎だ。さらに下顎では、関節骨の前に歯骨がつながっており、上顎では、方形骨の上の方に鱗状骨がつながっている。したがって爬虫類では、鱗状骨と歯骨は離れていることになる。ところが哺乳類の顎では、この鱗状骨と歯骨が連結して、顎の関節になっている。実はこれが重要な特徴なのである。

それでは、哺乳類の関節骨と方形骨はどこに行ったのだろう。実はそれらは、耳小骨《じしょうこつ》に変化したのだ。私たちが音を聞くとき、まずは鼓膜が振動する。その振動を、前庭窓という更に内側にある膜に伝えるのが耳小骨で、テコの役目をはたしている。前庭窓は鼓膜より面積がずっと小さいので、その分、振動の音圧は増幅される。イメージとしては、音量が大きくなると思えばよいだろう。だから私たちの耳は、けっこう小さな音でもよく聞こえるのである。

耳小骨は3つある。鼓膜に内側から接しているのがツチ骨で、次がキヌタ骨、一番奥で前庭窓に接しているのがアブミ骨である。アブミ骨は元々あったのだが、ツチ骨は関節骨が、キヌタ骨は方形骨が変形したものである。ちなみに、両生類、爬虫類、鳥類の耳小骨はアブミ骨だけである。デボン紀の両生類、アカントステガの化石からも、すでにアブミ骨が見つかっている。

しかし何でまた、顎の骨が耳の骨などになったのだろう。これは一見意外なことに思えるが、実はそうでもないようだ。ヘビやトカゲ、さらにムカシトカゲなどの地面に這いつくばっている爬虫類は、顎でも音を聞いているらしい。地面が振動すると、地面に接している顎も振動する。これらの爬虫類では、上顎の方形骨は、爬虫類の唯一の耳小骨であるアブミ骨に接している。そこで、上顎が振動するとアブミ骨も振動して、音として感じるらしい。もちろん爬虫類の方形骨の一番大事な機能は、顎を関節させることだろう。でも同時に音を感じる器官としても機能しているらしいのだ。

ただし、爬虫類は哺乳類の祖先ではない。そうではなくて、爬虫類と哺乳類には共通の祖先（初期の有羊膜類）がいたのだ。その共通祖先も、おそらく顎で音を聞いていたのだろう。つまり、その共通祖先の方形骨も、「顎」と「音を感じる器官」の2つの働きをしていたと考えられる。となれば哺乳類に至る系統で、方形骨が音を感じる器官としての役割に特化したとしても、それほど不思議ではないだろう。

有胎盤類は他の哺乳類よりすぐれているのか？

現生の哺乳類は、大きく3つのグループに分けることができる。単孔類と有袋類と有胎盤類だ。有胎盤類は真獣類と呼ばれることもある。ちなみに、私たちヒトは、有胎盤類である。

単孔類は卵を産む哺乳類である。便と尿と卵が、すべて同じ1つの穴から出ることが、名前の由来になっている。このように他の哺乳類とはかなり異なるが、子供はちゃんと母乳で育てる。乳頭や乳房はないが、乳腺から染み出た母乳を、子供が舐めるのである。

現生の単孔類としては、オーストラリアにカモノハシとハリモグラ、ニューギニアにミユビハリモグラがいる。今ではこの3種しかいないが、昔は多様な単孔類がオーストラリアに住んでいた。おそらく有袋類がオーストラリアに進出したことが、単孔類の分布を狭めた原因だと思われる。

有袋類は、卵ではなく子供を産む。だが子供は、まだ未熟児のような状態で産まれてくる。子供は母親の腹の袋（育児嚢）まで這っていき、その中で母乳を飲んで育つのだ。

有袋類というとカンガルーやコアラなど、オーストラリアのイメージが強いかも知れない。しかし、有袋類の最古の祖先と思われるシノデルフィスの化石は、白亜紀前期の中国の地層から見つかっている。育児嚢を支える上恥骨（袋骨《たいこつ》ともいう）らしきものが見つかったので、おそらく有袋類の祖先だと考えられている。そして白亜紀後期になると北アメリカで、有袋類の様々な系統が進化した。その中の一部が南アメリカから南極大陸に渡り、そして始新世の初期まではオーストラリアに到達したようだ。

有袋類と有胎盤類の話で有名なものは、パナマ地峡にまつわる話だ。パナマ地峡は、およそ300万年前に形成された。その結果、北アメリカと南アメリカは陸続きになったのである。それまでは、北アメリカでは有胎盤類が、南アメリカでは主に有袋類が繁栄していた。ところが両大陸が陸続きになったことによって有胎盤類が南アメリカに進出し、有袋類の多くは絶滅してしまった。キタオポッサム（バージニアオポッサム）のように北アメリカに進出した有袋類もいるが、それは例外だ。特に南アメリカの生態系の頂点に位置していた、肉食性有袋類のボルヒエナ類は完全に絶滅してしまった。取って代わったのは、北アメリカから来た、有胎盤類のネコ科の肉食獣であった。

このパナマ地峡の形成にまつわる物語は、有袋類が有胎盤類よりも劣った生物である証拠とされることが多い。だが、それは少し不公平な話だろう。有袋類の方が有胎盤類よりも生態的に優勢であったケースも、たくさんあるからだ。たとえば、オーストラリアの約5500万年前の地層から有胎盤類の化石が見つかっているので、当時のオーストラリアには有袋類と有胎盤類が両方いたことは確実である。その後のオーストラリアでは、有胎盤類は絶滅して有袋類が生き残ったのだ。また、パナマ地峡の成立以前の南アメリカでは、有胎盤類の多様性は低かった。その理由の一つに、南アメリカには多様な有袋類がいたので、すでに有袋類が占めていたニッチに有胎盤類が進出できなかったことを指摘する研究者もいる。こういう話を聞いていると、有袋類の方が有胎盤類よりもすぐれているような気がしてくるだろう。ではなぜ、南アメリカの有袋類は、北アメリカの有胎盤類に、敗北したのだろうか。

海外から日本に侵入した外来種が、日本の固有種を脅かすことがよくある。アメリカザリガニがニホンザリガニを駆逐したのはその例だ。大体において、広い場所で進化した生物の方が、狭い場所で進化した生物よりも、有利なのだ。だから、大陸から生物が島に侵入すると、たいてい島の固有種は駆逐されてしまう。一般的にいえば、広い場所の方が様々な環境があり、色々な生物がいる。したがって、競争も激しく、進化上のテストを何度もくぐり抜けてきたものしか、生き残れないからだと考えられる。

北アメリカとユーラシアはしばしば陸続きになっていたので、広大な地域を、色々な哺乳類が行き来していた。さらに北アメリカでは、何回か小さな絶滅が起こっていた。そのたびに、絶滅というテストをくぐり抜けたものだけが生き残ることができた。したがって、北アメリカの哺乳類の方が、何度もテストをくぐり抜けて来た分、南アメリカの哺乳類よりも、生態的に有利だったのではないだろうか。走るのが速かったり、物を嚙み切る力が強かったりしたのではないだろうか。

考えてみれば、パナマ地峡の成立によって、痛手をこうむったのは、南アメリカの有袋類だけではない。南アメリカにいた有胎盤類、たとえば南蹄類も大きく数を減らし、結局は絶滅してしまった。つまり、北アメリカの有胎盤類に、南アメリカの有袋類が、敗北したのではない。北アメリカの有胎盤類に、南アメリカの有胎盤類と有袋類が、敗北したのだ。おそらく有胎盤類が有袋類よりも有利だったのではなくて、北アメリカにいた動物が南アメリカにいた動物よりも有利だったのだろう。

もしも仮に、有袋類が北アメリカにいて、有胎盤類が南アメリカにいたとしたら、パナマ地峡が形成されたときに、絶滅したのは有胎盤類の方だったかも知れない。ヒトはつい、自分の属するグループの方が優れていると思いがちである。でも、必ずしもそうとは限らないのだ。

有胎盤類の系統

「形質」という言葉がある。これは形や性質などの生物の特徴のことである。この形質が、異なる系統で類似したものに進化することを収斂《しゅうれん》という。

有胎盤類と有袋類といえば、両者の間で収斂現象が見られることも、よく知られている。ごく最近（１９３６年）絶滅した有袋類のフクロオオカミ【図19-1】は、有胎盤類のオオカミにそっくりだし、巨大な牙をもつ有袋類のティラコスミルスも、サーベルタイガーとも呼ばれる有胎盤類のスミロドン【図19-2】に気味が悪いほどよく似ている。しかし科学者たちは、どんなに外見が似ていても、有袋類と有胎盤類を区別することができた。たとえば育児嚢を支える上恥骨は、有袋類にはあるが有胎盤類にはない。こういった特徴があるので、フクロオオカミとオオカミが似ているのは近縁だからではなく、収斂現象だと認識できたわけだ。

【図19-1】1936年に絶滅した有袋類のフクロオオカミ。有胎盤類のオオカミに似ている。©Baker；E.J.keller

だが、問題は有胎盤類だ。有胎盤類の中で収斂が起きた場合は、それを見破るのは大変難しい。ハリネズミとハリテンレックが似ているのは近縁だからなのか、それとも収斂なのか。モグラとキンモグラはどうだろう。アルマジロとセンザンコウは両方ともシロアリを食べるので歯が発達していないが、これは収斂だろうか。ウマの属する奇蹄類とウシの属する偶蹄類は、ともに蹄がある

【図19-2】サーベルタイガーとも呼ばれるスミロドン（有胎盤類）。有袋類のティラコスミルスに似ている。
©Momotarou 2012

から近縁なのか。以前はこれらの動物は、それぞれ同じ系統群にまとめられていた。しかし現在では、ここに上げた例は、すべて収斂現象と考えられている。それは、分子系統解析によって明らかになったのだ。有胎盤類のように収斂現象が頻繁に起きているグループの系統を考える際には、形態の情報だけでなく、DNAやタンパク質などの分子の情報も参考にすることが重要なのだ。

　現在では有胎盤類は、大きく3つの系統に分けられている。アフリカ獣類と北方獣類と異節類である。アフリカ獣類はアフリカで進化した哺乳類であり、長鼻目（ゾウ）や海牛目（マナティー、ジュゴン）、それにハリテンレックやキンモグラが属するアフリカトガリネズミ目などが含まれる。

　異節類は南アメリカで進化した哺乳類である。これに含まれるのは、被甲目（アルマジロ）と有毛目（ナマケモノ、アリクイ）の2目だけである。南アメリカにいた有胎盤類の多様性が低い理由として、有袋類のニッチ（生態的地位）に入り込めなかった可能性があることは、先に述べた。

北方獣類は、ユーラシアと北アメリカで進化した哺乳類で、多様なグループが含まれる。たとえば、シカやウシなどの偶蹄目にはクジラが含まれることが分かったので、鯨偶蹄目と言われるようになった。ちなみに現生の哺乳類で、一番クジラに近縁な動物はカバである。ウマやサイなどの奇蹄目は、同じく蹄のある鯨偶蹄目とは近縁でなく、むしろ食肉目（ライオンなど）や翼手目（コウモリ）に近いことも明らかになった。ウマの蹄とウシの蹄は収斂現象だったのだ。更に、私たちヒトの属する霊長目、有鱗目（センザンコウ）、真無盲腸目（モグラなど）なども、北方獣類に含まれる。

それでは、有胎盤類の3大グループは、いつごろ分岐したのだろうか。おそらくアフリカや南アメリカが他の大陸から孤立した時であろうから、1億年以上前の中生代の白亜紀だろう。だがそうだとすると、少し不思議なことがある。中生代に化石が見つかる有胎盤類は、食虫目だけなのだ。有胎盤類は通常20～30の目に分けられるが、食虫目以外の化石は、6600万年前に始まる新生代にならないと見つからないのである。おそらく中生代に大陸が分かれたために、有胎盤類の系統も3つに分かれたが、形態的にはあまり変化しなかったのであろう。どの系統も「食虫目」的な形態のまま、あまり多様化しなかったのだと考えられる。そう考えると、現生のハリネズミとハリテンレックの形態が似ているのは、収斂進化の結果ではなくて、祖先形質がそのまま保存されているからという可能性もある。

ここでは「食虫目」と書いたが、現在では「食虫目」は、北方獣類の真無盲腸目とアフリカ獣類のアフリカトガリネズミ目に分けられている。しかし化石の形態から、この2目を区別することは難しいので、便宜的に「食虫目」を使うこともある。

その後も哺乳類の進化には、大陸移動が大きな影響を与えてきた。たとえばアフリカ獣類には、ゾウが含まれる。現在は、陸上で最大の動物であるサバンナゾウ、アフリカの主に森林に住むマルミミゾウ、そしてアジアゾウの3種しかいないが、昔はアフリカ、ユーラシア、南北アメリカにたくさんのゾウがいた。しかしアフリカ以外から見つかるゾウの化石はすべて2000万年前よりも新しいものである。それよりも古いものはアフリカでしか見つからないのだ。それは約2000万年前にアフリカ大陸がユーラシア大陸に衝突して、陸続きになったからだと考えられている。それからゾウは、アフリカの外へと広がっていったのである。

また、サルの仲間である霊長類は北方獣類だが、約4000万年前にはアフリカにも住んでいたことが知られている。おそらく流木か浮き島に乗って、ヨーロッパからアフリカに流れ着いたのであろう。そのアフリカに渡った霊長類の中から、私たちの祖先になる類人猿が進化したのである。そして約2000万年前にアフリカ大陸とユーラシア大陸が陸続きになったとき、類人猿は2つの道を選ぶことができた。1つはユーラシアに戻ることだ。この、ユーラシアに戻った類人猿から、テナガザルとオランウータンが進化した。2つ目の道は、そのままアフリカに住み続けることだ。この、アフリカにとどまった類人猿から、ゴリラとチンパンジーとボノボと、そして私たちヒトが進化したのである。

第20章　人類の進化

チンパンジーはヒトに進化するのか

ヒトに一番近縁な生物は、チンパンジーとボノボである。ボノボは、ピグミーチンパンジーと呼ばれていたこともある、少し小柄なチンパンジーの仲間である。その次にヒトに近縁な生物はゴリラである。つまり系統的にいえば、これら4種の中で最初に分岐をして、独自に進化し始めたのがゴリラということになる。それから、ヒトに至る系統と、チンパンジーやボノボに至る系統が枝分かれした。チンパンジーとボノボに至る系統の中で、チンパンジーとボノボが分岐したのは、さらにその後ということになる。

ヒトに至る系統が、チンパンジーやボノボに至る系統と分かれたのは、およそ700万年前のことである。ヒトに至る系統はその後も分岐をくりかえして、様々な種を生み出していった。これらの種すべてを「人類」「ヒト族」「ホミニン」などという。つまり系統的にみて、チンパンジーやボノボよりもヒトに近い生物を人類というわけだ。現在までに知られている人類はおよそ25種で、その中には有名なネアンデルタール人も含まれている。新しい化石が発見されれば、これからも人類の種数は増えていくだろう。ひょっとしたら100種ぐらいはいたかも知れない。だがその中で、現在まで生き残っているのは1種だけだ。それが私たちホモ・サピエンス（現生人類あるいはヒト）である。

それでは、どうして人類は誕生したのだろうか。かつては人類の祖先として、チンパンジーのような類人猿が想定されることが多かった。しかし本当に、私たちはチンパンジーのような生物から進化したのだろうか。もしそうだとすれば、これからチンパンジーは、ヒトのような生物になっていくのだろうか。それを検討するために、まずは私たちとチンパンジーの違いについて考えてみよう。

チンパンジーとヒトの違い

人類とチンパンジーの違いとしてよく挙げられるのが、犬歯と歩行様式である。まず、犬歯から見ていこう。チンパンジーの犬歯はとても大きい。これは食べ物のせいではなく、オス同士の争いのためだと考えられている。

チンパンジーはオスもメスも複数いる群れを作る。そこでオスは、メスを得るために犬歯を見せて威嚇し、争うことになる。ところで、チンパンジーのメスは、いつでも性行動が可能なわけではない。性行動が可能なのは発情しているメスだけである。発情しているメスの数はあまり多くなく、オス5頭から10頭につき1頭ぐらいしかいない。そこで、オスはメスを得るために、激しく争うことになる。一方、ボノボの発情しているメスは、オス2頭から3頭につき1頭ぐらいはいるようだ。したがって、チンパンジーよりは平和的で、犬歯も小さくなっている。

つまり人類の犬歯が小さいということは、オス同士の争いがゆるやかなことを示しているのだろう。私たちホモ・サピエンスは人類の中でも犬歯が小さく、他の歯と同じぐらいの大きさしかない。ホモ・サピエンスのメスは外から見るだけでは排卵期がよく分からず、つねに性行動が可能である。性行動が可能なメスとオスの数がほぼ同じで、基本的には一夫一妻型の社会を作っている。したがって、メスをめぐってオス同士が争うことは、ほとんどなかっただろう。およそ700万年前の最古の化石人類であるサヘラントロプス・チャデンシスや、かなり詳しく調べられている約440万年前のアルディピテクス・ラミダスなどの初期人類でも、すでに犬歯は小さくなっている。このような初期の人類が一夫一妻型の生活をしていたかどうかまでは断言できないが、メスをめぐるオス同士の争いが、現生のどの類人猿よりもゆるやかだったことは確かだろう。

直立二足歩行の開始

犬歯の縮小以上に重要な人類の特徴が、直立二足歩行である。2本足で歩くだけなら、ハトだってカンガルーだってそうだ。しかし、体を垂直に立てて頭が足の真上にくる直立二足歩行をする生物は、人類だけなのだ。それでは、この直立二足歩行はいつ頃進化したのだろうか。実は、最古の人類であるサヘラントロプス・チャデンシスでさえ、すでに直立二足歩行をしていたと考えられている【図20-1】。

私たちホモ・サピエンスの頭は、首の上に乗っている。だから、首の骨（頸椎）につながる頭蓋骨の穴（大後頭孔）は、頭蓋骨の真下についている。しかしチンパンジーは、普通は四足歩行

【図20-１】最古の人類であるサヘラントロプス・チャデンシスも直立２足歩行をしていたと考えられている。©Didier Descouens

をしているので、頭が体の前に突き出している。だから、大後頭孔が頭蓋骨の後ろの方についている。つまり頭蓋骨を見るだけでも、直立二足歩行をしていたかどうかが大体分かるのだ。

サヘラントロプス・チャデンシスでは、直立二足歩行の特徴がわかりやすい足や腰の骨は見つかっていない。しかし、ほぼ完全な頭蓋骨が見つかっている。それを調べてみると、大後頭孔は頭蓋骨の下の方についていたのである。

また、およそ６００万年前の2番目に古い化石人類であるオロリン・ツゲネンシスでは、大腿骨が見つかっている。その大腿骨の、筋肉が付着する部分の形から、オロリン・ツゲネンシスも直立二足歩行をしていたと考えられている。

サヘラントロプス・チャデンシスにしてもオロリン・ツゲネンシスにしても、直立二足歩行をしていた証拠は決定的ではないので、反対意見もある。確実に直立二足歩行をしていたといえるのは、約４４０万年前のアルディピテクス・ラミダスからかも知れない。とはいえ、初期人類の複数の化石から、直立二足歩行を示す証拠が見つかっているのは事実である。やはりチンパンジーと分岐してからすぐに、人類が直立二足歩行を始めた可能性は高いだろう。

人類は樹上生活にも適応

どうやら人類はチンパンジーに至る系統から分かれてすぐに、犬歯を縮小させ、直立二足歩行を始めたようだ。しかしだからといって、人類が森林を完全に捨てて草原に進出したわけではない。サヘラントロプス・チャデンシスやアルディピテクス・ラミダスの化石は、森林に住んでいる動物の化石と一緒に産出する。これは初期の人類が、もっぱら森林に住んでいたことを示している。また、アルディピテクス・ラミダスの足は、指が長くて物をつかむことができた。特に親指は他の指と平行ではなく大きく外側に開いているので、足で木の枝をつかむこともできただろう。体の形も、樹上生活に適応していたのだ。だが、どうも腑に落ちない。木の上に住んでいたのに、どうして人類は直立二足歩行を進化させたのだろうか。

ここで少し視点を変えて、食物について考えてみよう。ゴリラは果実も好きだが、繊維が多い茎や葉や樹皮なども食べる。硬いものが多いが、食物の量は豊富である。そこで噛む力が強くなり、体も大型化したのだろう。また、食物を探して森の中をあまり動き回らなくてもいいので、1頭のオスが複数のメスを独占する一夫多妻的な社会が発達したのだと考えられる。

チンパンジーは、ゴリラよりも果実をよく食べる。果実はどこにでも生っているわけではないので、群れとして移動しなければならない。そこで群れと群れの間で競合がおこりやすく、チンパンジーのオスは攻撃性が強い。チンパンジーの群れはオスもメスも複数いて、乱婚が行われる。その結果、オスには産まれた子供が自分の子供かどうか分からない。これは攻撃的なオスによる子殺しを抑制する効果があると考えられている。実際、他の群れから来たメスが最初に産んだ子供は、自分の子供ではないことがオスにも分かるので、殺されてしまうことがあるようだ。

いっぽう初期の人類は、樹上の果実などの他に、地上の食物も食べていたらしい。当時の気候はやや乾燥化しており、森林と草原が混じったような場所が少なくなかったと思われる。たまたまそういう場所に住んでいた類人猿の仲間から進化したグループが、人類だったのだろう。肉食獣から逃れるために樹上で暮らしていたのだが、木の数が少ないので食物が不足したのかも知れない。しかしメスが子供を抱えて、食物をさがしに地上を歩き回るのは大変だ。そこでメスは、協力してくれるオスを好むようになったのではないだろうか。

おそらく初期人類のオスとメスは、一夫一妻かそれに近い関係だった。オスにしても、メスに協力すれば自分の子供を育てることになるので、利害は一致するわけだ。そういう男女関係が自然選択の結果、進化するのは理にかなっている。オスが食糧をメスに持っていくときには、両手が空いていた方がたくさん運べて便利に違いない。そこで直立二足歩行が進化した可能性が高いのである。

チンパンジーはヒトに進化しない

それでは人類は、どんな類人猿から進化したのだろうか。チンパンジーは、ナックルウォークという独特の四足歩行をする。手の指の外側を地面に着けて歩く方法だ。一方、アルディピテクス・ラミダスの手は、親指は短いが、その他の指は長くて華奢である。もしも四つ足で歩いたとしても、ナックルウォークは無理だろう。また、チンパンジーは、体の長さに比べて腰部が極端に短い。これは体重が重いので、樹上で活発に行動するときに腰部を安定させる必要があるからだろう。これらの特徴は、他のほとんどのサルに見られないだけでなく、昔（中新世）の化石類人猿にも見られない。したがって、チンパンジーなどの系統で独立に進化したものと考えられる。

おそらくヒトとチンパンジーの共通祖先は、普通に掌《てのひら》を地面に着けて、四足歩行をしていたのであろう。ヒトとチンパンジーの共通祖先は、ヒトともチンパンジーとも大きく異なる生物だったのだ。およそ700万年前に、その共通祖先から2つの系統が分岐した。1つの系統はナックルウォークを進化させ、チンパンジーになった。もう1つの系統は直立二足歩行を進化させ、ヒトになった。ヒトはナックルウォークから直立二足歩行を進化させたわけではない。それはナックルウォークが直立二足歩行から進化したのでないのと同じことである。それに、チンパンジーのように特殊化した短い腰部からでは、直立二足歩行が進化することは難しい。この先もチンパンジーは、ヒトのような生物には進化しないだろう。

人類がイルカを抜いた日

サヘラントロプスやアルディピテクスのような初期人類が生きていたころに、地球上で一番知能が高かったのはイルカであった。およそ700万年前に人類が誕生してから、ずっとイルカが一番賢かったのだ。ところが、250万年前頃から、一部の人類で脳が大きくなり始めた。そして、およそ150万年前のホモ・エレクトゥスが、初めてイルカの知能を追い抜くことになる。

もちろん実際には知能を測ることは難しく、不可能と言ってもよいぐらいだ。しかしそれを認めた上で、本当に大ざっぱな総体的な指標として、脳化指数を使うことがある。脳化指数とは「脳の体積」を「全体の体積の3分の2乗」で割った値である。ホモ・エレクトゥスがイルカを抜いたという話は、この脳化指数が知能を表わしていると仮定した場合の話である。

知能を直接表しているわけではないけれども、人類の脳の大きさについては多くのデータがある。約700万年前のサヘラントロプス・チャデンシスや約440万年前のアルディピテクス・ラミダスの脳容量は350ccぐらいで、これは現生のチンパンジーと変わらない。約390万年前から約290万年前までという長きに渡って生息していたアウストラロピテクス・アファレンシスは、平均で450ccぐらいである。少し大きくなったぐらいで、それほど初期人類と変わらない。ちなみに、アウストラロピテクス・アファレンシスはほぼ地上に住んでいたようだが、骨の形態にはまだ樹上適応が見られる。

ところが、ホモ属が現れると、石器を製作するようになり、脳も確実に大型化していく。最古の石器は、約260万年前のオルドワン型と呼ばれるものである。樹上生活に石器は必要ないので、ホモ属は地上で生活していたのであろう。石器があれば、死んだ動物の骨を割って内部の骨髄を食べることもできるし、骨から肉をそぎ落とすこともできる。石器によって、人類は肉を日常的に食べられるようになったのだ。

脳はエネルギーを食う器官である。私たちホモ・サピエンスの脳は体重の約2%しかないが、エネルギーの20〜25%を使ってしまう。ちょっと便利だからといって、そうそう簡単に脳を大きくすることはできないのだ。石器によって日常的な肉食が可能となり、多くのエネルギーを摂取できるようになって、初めて人類は脳を大きくすることができたのである。

石器製作の開始

ここで、最初に石器を作った人類について、少しだけ検討してみよう。最古の石器は、約260万年前のものであった。そして、種までは分からないがホモ属と思われる下顎の化石は約250万年前、歯は約240万年前の地層から発見されている。最古の石器と最古のホモ属の年代は、まあ大体合っているようだ。約230万年前になると、石器と一緒にホモ属の下顎が産出しているので、この時期のホモ属が石器を作っていたことは間違いない。ただし、石器によるカットマークのついた約250万年前の獣骨の近くから、アウストラロピテクス・ガルヒの化石も見つかっている。もしかしたら最初に石器を作ったのはアウストラロピテクス属かも知れない。

ただ、アウストラロピテクス・ガルヒは犬歯が小さいなどホモ属的な特徴も持っており、将来ホモ属に変更になる可能性もある。ただ、いかにも脳が小さい。約450ccしかないのである。かつては、ホモ属の脳は750cc以上とされていたこともあったのだ。もっとも今日ではそんな規準はなく、190万年前のメスのホモ・ハビリスは509ccだったし、後で述べるホモ・フロレシエンスのように500ccを切る例もある。

また、339万年前という古い獣骨からカットマークや打撃痕が見つかり、アウストラロピテクス・アファレンシスが石器を使用したのだろうという報告もなされている。しかし、証拠とされる獣骨の数が2つと少なく、人工的に加工した石器ではなくただの石を使った可能性も否定できない。まあ、正直に言って、よく分からない。もしかしたら、アウストラロピテクス属も少しは石器を作ったのかも知れない。しかし石器の製作が広く行われるようになったのは、ホモ属からと考えてよいだろう。

2番目に脳が大きいホモ・サピエンス

石器の使用により日常的な肉食が可能となり、脳を増大させることが可能になったホモ属だが、一直線に脳を増大させたわけではない。脳が大きいと良いこともあるだろうが、エネルギーを使い過ぎるという欠点もあるのだ。

インドネシアのフローレス島には約1万7000年前まで、ホモ・フロレシエンスという小型の人類が住んでいた。島に住んでいたために食料も少なく、また捕食者や競争者もあまりいなかったために、体が小さくなるように進化したと考えられている。いわゆる「島嶼化《とうしょか》」と呼ばれる現象だ。

身長も約110センチメートルしかないが、脳も約400㏄しかない。現在、アフリカやアジアなどに住んでいるピグミーなどの小型の現生人類は、身長が140センチメートルほどしかないが、脳はそれほど小さくない。現生人類の平均は約1350㏄だが、脳の大きさにはかなりの変異があり、フランスの小説家であるアナトール・フランスは約1000㏄しかなかったと言われている。いっぽう小柄なピグミーでも、脳が1200㏄を超えることは珍しくないし、逆に1

000ccを切ることは滅多にない。これに比べると島嶼化のせいとはいえ、ホモ・フロレシエンスの脳がかなり小さく進化したことが分かるだろう。

これまでに知られている人類の中でもっとも脳が大きいのはネアンデルタール人で、およそ1550ccもあった。次に大きいのはホモ・サピエンスなので、私たちはかなり脳の大きい人類ということになる。そんな私たちでさえ、脳が一直線に大きくなったわけではない。実は昔のホモ・サピエンスの方が、脳は大きかったのだ。数万年前にヨーロッパに住んでいたホモ・サピエンスであるクロマニヨン人の脳は、大体1450ccぐらいはあった。人類の進化は複雑で、脳の大型化などといった1つの傾向でまとめることはできないのである。

地球には様々な人類が生息していた

地球は多様な人類の惑星だった。だが、約4万年前にシベリア南部で、デニソワ人が絶滅。約2万8000年前にはスペインで、ネアンデルタール人が絶滅。約1万7000年前にフローレス島で、ホモ・フロレシエンスが絶滅。そして、とうとう地球上の人類は、ホモ・サピエンス1種だけになってしまった。すべて合わせれば数十種、いやもしかしたら100種以上いた人類が、たった1種になってしまったのだ。

夏草や兵《つわもの》どもが夢の跡

これは江戸時代初期に松尾芭蕉が、奥州平泉を訪ねたときに詠んだ句である。平泉の高館《たかだち》は、かつては藤原秀衡《ふじわらのひでひら》が栄華の夢にふけり、源義経の主従が奮戦むなしく最後を遂げた地である。

この句から漂うはかなさが、ふと今の地球に重なるような気がする。たくさんいた個性的な人類は、みんな絶滅してしまったのだ。彼らはもう二度と地球上に現れることはない。すべては夢のように、はかない出来事だったのだろうか。いやでも、まだ1種いる。すべてが「夢の跡」になってしまうのは私たちが絶滅したときだろう。

最終章　地球と生命の将来

ヒトは最後の生物ではない

私たちヒトが地球や生命の歴史を考えたときに、たいてい最後に登場するのはヒトである。でもそれは、地球や生命の歴史を、ヒトの立場から見ているからだ。もしも三葉虫の立場から見れば、歴史の最後に登場するのは三葉虫だろう。でも実際には、三葉虫が最後の生物というわけではない。三葉虫が絶滅したあとも、地球や生命の歴史は何事もなかったかのように続いてきたのだから。

ヒトについても同じだろう。もちろん、ヒトという種が今後どれくらい存続するのかは分からない。参考までに、これまでに発見された25種ぐらいの化石人類について見てみると、それらのなかで200万年以上に渡って存続した種はいないようだ。だからといって、ヒトも200万年以内に絶滅するとは限らないが、まあ数百万年ぐらい経てば絶滅している可能性が高いだろう。意外にあっさりと、来世紀あたりに絶滅してしまうかも知れないし。ともあれヒトが絶滅したあとも、地球や生命の歴史は何事もなかったかのように続いていくにちがいない。

ひょっとしたらヒトが絶滅した後で、ヒトよりも知能の高い生物が現れるかも知れない。それらが語る地球と生命の歴史は、私たちが語った地球と生命の歴史よりも長いものになるだろう。私たちが絶滅した後も、歴史は続いていくのだから。残念なことに、私たちはそれを読むことはできないけれど。

二酸化炭素の減少

今後の地球は、数十年から数百年のレベルで考えれば、ヒトの活動によって大気中の二酸化炭素が増加し、温暖化が起きる可能性が高い。数万年から数十万年のレベルで考えれば、地球に氷河時代が訪れて、寒冷化が起こる可能性が高い。しかし数億年のレベルで考えれば、地球は確実に暑くなっていくだろう。

太陽は誕生以来、少しずつ明るくなってきた。それにもかかわらず、地球の温度はおよそ40億年の間、ほぼ一定に保たれてきた。時にはスノーボールアース（全球凍結）のような時代もあったけれど、たいてい地球の表面は、液体の水が存在できる温度だったのだ。これは主に、地球に備わっている負のフィードバックシステムのおかげであった。たとえば、気温が上がれば、大気中の二酸化炭素の量が減って、気温の上昇にブレーキがかかるのだ。

大気中の二酸化炭素は着実に減少しながら、この負のフィードバックに役立ってきた。40億年前の地球には、おそらく現在の数千倍から数万倍の二酸化炭素があった。カンブリア紀にも、まだ現在の10倍から20倍の二酸化炭素があった。それからもだんだんと減ってきて、現在二酸化炭素は大気の０・０４％しかない。そろそろ限界だ。これ以上は減らすことが難しい。しかしながら太陽は、今でも少しずつ明るくなり続けている。二酸化炭素が大気中からほとんどなくなって、負のフィードバックが効かなくなれば、地球の気温は確実に上昇し始めるだろう。

二酸化炭素の減少によって影響されるのは、気温だけではない。光合成は二酸化炭素を材料としている。あまりにも二酸化炭素が減少すれば、光合成が行えなくなり、多くの植物が絶滅することになるだろう。ただし、少量の二酸化炭素でも光合成を行えるC_4植物は生き残ることができるかも知れない。しかしその後、気温がますます上昇し、地表から水分が蒸発し始めれば、C_4植物も絶滅することになるだろう。そうなれば、植物を食べて生きていた動物なども生きていくことはできない。そして地球からは、だんだんと生物が減っていくことになるだろう。

一般に生物は、体が大きかったり複雑だったりすると、絶滅しやすい。それは、食物がたくさん必要だったり、限られた環境でしか生きられなかったりするからだ。したがって、温度が上昇し水が減少していく将来の地球では、まず多細胞生物がいなくなるだろう。次に、単細胞生物の中でも複雑な構造をしている真核生物が絶滅するに違いない。最後に残るのは、きっと真正細菌や古細菌などの原核生物だろう。

地球の生命の歴史は50億年

地球はこれから50億年以上、太陽系の惑星として存在し続けるだろう。地球が誕生したときから考えれば、およそ100億年の長きに渡って、地球は太陽系の惑星であり続けることになる。そして最後は、赤色巨星となった太陽に飲み込まれて、地球はその一生を終えるのだ。しかしそれよりもずっと前、おそらく今から10億年後（遅くとも20億年後）には、気温の上昇によって地表にあった液体の水はすべて蒸発し、海は消滅してしまう。そうなれば、もはや生物は存在できない。つまり地球の歴史は、約45億年前から約五十数億年後までのおよそ100億年だが、生物の歴史は、約40億年前から約10億年後までのおよそ50億年というわけだ。私たちヒトが生きている現在は、地球の生命の歴史のだいたい5分の4が終わった時点ということになる。残りは5分の1、およそ10億年だ。

地球は細菌の惑星だと言われることがある。現在の地球には、多細胞や単細胞の真核生物がたくさんいるが、それでも数の上では細菌の方が圧倒的に多いからだ。しかし考えてみれば、昔の地球には細菌しかいなかった。40億年前から19億年前までは細菌しかいなかったのだ。それから真核生物が進化したが、その真核生物も今から数億年後には絶滅するだろう。真核生物の歴史は、およそ二十数億年ということになる。生物の歴史は地球の歴史のだいたい半分だが、真核生物の歴史は生物の歴史のさらに半分なのだ。そして、また地球は細菌しかいない世界に戻る。その頃の地球はかなり熱いはずなので、好熱菌のように高い温度でも生きられる細菌が繁栄することだろう。しかしその好熱菌も、10億年後には絶滅してしまう。そして地球は、乾燥した灼熱の大地に覆われた、生物のいない世界に戻るのだ。

地球の生命の物語は、これで終わりになる。しかし、その後も宇宙のどこかで地球のような惑星が形成され、生命が生まれてくることだろう。いや、地球とは似ても似つかない惑星で、まったく別の形態の生命も生まれているかも知れない。そして、そんな生命をたくさん宿した私たちの宇宙も、いつか何らかの形で終わりを迎える。でも、もしも宇宙がたくさんあるのであれば……また別の宇宙が生まれ、別の星が生まれ、そして別の生命が生まれてくるのだろう。

ヒトが絶滅しても、何事もなかったように地球上では生物が進化していく。太陽系が消滅しても、何事もなかったように、宇宙は存在し続ける。そしてこの宇宙が消滅しても、何事もなかったように、他の宇宙は存在し続け、別の宇宙も生まれてくる。時間と空間を超越した、眼がくらむような果てしない物語の中で、一瞬だけ輝く生命……それが私たちの本当の姿なのだろう。

あとがき

私が博士論文の審査を受けたときのことである。5人の審査員の前で1時間ほど論文の内容を説明したあと、質疑応答の時間になった。そして、そろそろ質疑応答も終わりかけたころに、1人の審査員がこんな質問をしてきた。

「ところで、ここは地球科学の学科ですよね？ でも、あなたの研究は生物学の研究じゃないですか。あなたに生物学の博士号を出すのなら、私も反対はしませんよ。でも、この論文で、地球科学の博士号を出していいんですかね？」

5人の審査員のうち、2人は地球科学の研究者で、3人は生物学の研究者だったのだが、この質問をしたのは生物学の研究者だった。

私は、この質問をした先生の研究室で機械を借りて、アミノ酸に関するデータをとらせてもらったことがあった。そのとき私は、データを3回とることを勧められた。いつも笑っている穏やかな先生だったが、データにはきびしい研究者だった。

私の論文はタンパク質やDNAや糖に関するもので、たしかに生物学の論文に見えるのも無理はなかった。いや普通に考えれば、それは生物学の論文そのものだった。しかし審査会である以上、私は質問にはっきりと答えなくてはならない。私の答えは以下のようなものであった。

「生物の謎を解くための研究が生物学で、地球の謎を解くための研究が地球科学だと、私は考えています。私は地球の謎を解くために、生物学でよく使う方法を使ったのです。だから私の研究は地球科学の研究です」

この発言は、半分は苦し紛れだったのだが、半分は本音でもあった。私がこう答えると、その先生は納得したのか納得していないのかは分からないけれども、表面上はいつものようににこやかに笑っていた。

地球科学と生物学のはざまにいると、このように言い訳をしなくてはならない場面もある反面、とてもよいこともあった。それは私の周囲に、すぐれた地球科学の研究者も、すぐれた生物学の研究者もいたことだ。地球と生物の共進化を考えるには、絶好の環境でもあったのだ。それを生かすことができたかどうかは、私の力量によるので、あまり自信はないけれど。

子供のころ、私は目の前に無限の未来が広がっていると思っていた。そして、自分には素晴らしい才能があるのではないのかと思ったこともあった。しかし大人になっていくうちに、人生は有限であることが実感されてくる。そして、自分は人並み（あるいは人並み以下）のありふれた人間であることも分かってくる。おそらく、これは私だけの話ではない。多くの人は、まあ、そんなものだろう。

地球の生命に対する印象も、少し人生に似ているかも知れない。以前は地球や生命は、宇宙の中の奇跡的な存在として語られることが多かった。でもひょっとしたら、地球も生命も、そんなに奇跡的な存在ではないかも知れない。確かに生命が誕生する条件はかなりきびしいだろう。でも、宇宙にはたくさんの星があるので、生命が生まれる惑星もかなり存在するのではないだろうか。

もっとも、この文章を読んでいるあなたは、ありふれた人ではなく、素晴らしい人かも知れない。でも、もしかしたら、そうでもないかも知れない。でも、そんなことはどうでもよいのだ。あなたは、あなたにとって、かけがえのないとても大切な人であることは間違いない。もしも、あなたが社会の役に立っているなら、それは素晴らしいことである。あなたは世間から賞賛を浴びるだろうし、確かにあなたはそれに値する人間だ。でも、もしもあなたが何の役にも立たない人間でも、生きる価値がないなんてことはない。私たちの祖先は40億年もの間、ただの一度も途切れることなく細胞分裂をし続けてきた。その結果、あなたが存在するのだ。それだけでも大したものだ。そもそも生物というものは、生きるために生きているのだから、人生に意味のない季節はないのである。

「地球は素晴らしい奇跡的な星です。だから大切にしましょう」

そんな言葉を聞くたびに、私はちょっと変な気分になる。じゃあ、もしも地球がありふれた星だったら、大切にしなくてよいのだろうか。もちろん、そんなことはない。地球という惑星は、ありふれていようが、あと10億年しか生物が住めなかろうが、かけがえのない存在なのだ。

「世界に真の勇気はただ1つしかない。世界をあるがままに見ることである。そしてそれを愛することである」

そう言ったのは情熱的なフランスの文学者、ロマン・ロランであった。日々の生活はもちろん、周囲の身近な物事や人々も含めて、生命や地球や宇宙をありのままに見て、そしてそれらを好きになる。もしもこの本が、わずかでもその役に立てばよいのだけれど。

最後に、原稿の一部に目を通して頂いた東京大学の遠藤一佳博士、多くの助言を下さった新潮社の今泉正俊氏、その他本書を良い方向に導いて下さった多くの方々に、厚く御礼を申し上げます。

2015年11月

更科　功

主要参考文献（日本語の一般書籍）

第1部

『進化する地球惑星システム』（東京大学出版会）東京大学地球惑星システム科学講座（編）

『鉄学　137億年の宇宙誌』（岩波書店）宮本英昭、橘省吾、横山広美

『ブラックホール・膨張宇宙・重力波』（光文社）真貝寿明

『宇宙に外側はあるか』（光文社）松原隆彦

『新しい太陽系』（新潮社）渡部潤一

第2部

『地球惑星科学入門』（岩波書店）松井孝典、田近英一、高橋栄一、柳川弘志、阿部豊

『地球進化論』（岩波書店）平朝彦、阿部豊、川上紳一、清川昌一、有馬眞、田近英一、箕浦幸治

『できたての地球』（岩波書店）廣瀬敬

『絵でわかるプレートテクトニクス』（講談社）是永淳

『生命と地球の歴史』（岩波書店）丸山茂徳、磯崎行雄

第3部
『GADV仮説　生命起源を問い直す』（京都大学学術出版会）池原健二
『生命の起源』（講談社）小林憲正
『生命最初の30億年』（紀伊國屋書店）アンドルー・H・ノール（訳・斉藤隆央）
『生命はなぜ生まれたのか』（幻冬舎）高井研
『土星の衛星タイタンに生命体がいる！』（小学館）関根康人

第4部
『藻類30億年の自然史』（東海大学出版会）井上勲
『分子からみた生物進化』（講談社）宮田隆
『凍った地球』（新潮社）田近英一
『共生生命体の30億年』（草思社）リン・マーギュリス（訳・中村桂子）
『失われた化石記録』（講談社）J・ウィリアム・ショップ（訳・阿部勝巳）

第5部
『進化発生学』（工作舎）ブライアン・K・ホール（訳・倉谷滋）
『手足を持った魚たち』（講談社）ジェニファ・クラック（訳・池田比佐子）

『ヒトのなかの魚、魚のなかのヒト』（早川書房）ニール・シュービン（訳・垂水雄二）
『生命の歴史』（丸善出版）マイケル・J・ベントン（訳・鈴木寿志、岸田拓士）
『恐竜復元』（岩波書店）犬塚則久
『羽』（白揚社）ソーア・ハンソン（訳・黒沢令子）
『恐竜』（丸善出版）デイビッド・ノーマン（監訳・冨田幸光、訳・大橋智之）
『大絶滅』（平河出版社）デイヴィッド・M・ラウプ（訳・渡辺政隆）
『新図説 動物の起源と進化』（八坂書房）長谷川政美
『ヒトの進化 七〇〇万年史』（筑摩書房）河合信和
『生命の星の条件を探る』（文藝春秋）阿部豊
『地球進化46億年の物語』（講談社）ロバート・ヘイゼン（監訳・円城寺守、訳・渡会圭子）

新潮選書

宇宙《うちゅう》からいかにヒトは生《う》まれたか――偶然《ぐうぜん》と必然《ひつぜん》の138億年史《おくねんし》

著　者……………………更科《さらしな》　功《いさお》

発　行……………………2016年2月25日
7　刷……………………2020年6月5日

発行者……………………佐藤隆信
発行所……………………株式会社新潮社
〒162-8711 東京都新宿区矢来町71
電話　編集部 03-3266-5411
　　　読者係 03-3266-5111
http://www.shinchosha.co.jp
印刷所……………………錦明印刷株式会社
製本所……………………株式会社大進堂

乱丁・落丁本は、ご面倒ですが小社読者係宛お送り下さい。送料小社負担にてお取替えいたします。
価格はカバーに表示してあります。

ISBN978-4-10-603781-8 C0345